U0144607

TiddlyWiki

維基寫作

知識管理最佳工具

施保旭◎編著

五南圖書出版公司 印行

序

　　從開始接觸知識開始，我們便不斷的嘗試知識的整理與管理。上課筆記是一個比較無形的東西，老師整理，我們照抄。而參考書更進一步抹去了我們在知識整理上的訓練機會。真正比較操之在我的訓練，可能是剪貼簿。不論其材質或是形式，小時候總會有一本屬於自己的剪貼簿，剪剪貼貼，也許是好玩的圖，也可能是令自己感動的文章。然而，隨著時光的過往，這些嘗試也逐漸塵積角落，甚至成了資源回收的一環。個人興趣移轉、需求變化都是主要的原因，但是，不能否認的是，其實我們對於自己的知識一直有加以適當整理的慾望存在。個人網站的功能在網路上出現後，那麼多的個人網站紛紛出現便是一個例證。

　　傳統的作法在今天來講已經只能算是興趣的培養與性情的陶冶，若要真正討論知識的整理與管理，恐怕還是得認真面對工具的問題。

　　首先我們必須先認清一樣事實，知識管理的目的在於「再用」。也就是說，不論為了提升作文能力而收集好文章也好，也不論是個人興趣而收集職棒消息也好，更不論是專業研究需求而收集同行研究報告也罷，知識整理的目的終究是希望能在需要它時可以很順利的派上用場。然而，任何非經適當整理的知識其實是很難發揮功效的。

電腦帶來了一項迷思，以為所有的東西通通餵給電腦便一切搞定，反正硬碟又大又便宜。事實是如此嗎？想想自己曾經有過多少想不起在哪邊看過某一項資料的經驗。更嘔的是確知該項資料自己有，只是不知放在硬碟何處而已。

網路更進一步帶來另一項迷思，以為所有的東西到網路上找就有，何必有自己的資料庫。事實是，往往網路上檢索出來的東西成千上萬筆，過濾篩檢實在有夠辛苦。

因此，我們終究須承認一件事，經過自己整理過的資訊，並在需要時能方便的加以調出，才能稱為自己的知識。

這幾年部落格的熱潮轟然而起，其勢頭似乎不下於公元二千年前後的達康狂潮。於是乎，「2.0」成了一時顯學，隨時隨處都有人在想得到的字詞後面加上「2.0」字樣，就如同達康時代任何字詞總要冠上「e」這個字一般。然而，某位歷經過達康泡沫的企業人士在應邀撰寫部落格書籍的推薦序時，仍不免略帶憂心的說「值得觀察的是部落格的商業化經營，……需要謹慎、妥善思考勝出的方式與途徑！」

其實技術是一直在進步的，技術的應用也不斷的在翻新。不論一項技術應用的商業化獲利與否，技術的成就依舊大步向前。而不論一波波網路熱潮如何改變，歸根究底，最重要的還是如何借助這些技術的成果，以提升自己的競爭力。要在任何專業領域勝出，智慧與知識的累積、管理都是不可忽視的基本工作。拜網路之賜，知識的收集與管理從沒有像今天這麼容易過。各種與個人生產力有關的軟體也以各種樣貌不斷的推陳出新。但是，有關

「個人知識管理」的工具卻一直未受到足夠的注意。

　　投入職場以來，不知換過多少工具與做法，希望能將工作上所需的一些資訊加以收集整理，以免事後遺忘。讀書卡片、筆記這些傳統方法之外，電腦是一直倚重的工具，但是軟體的選擇卻讓自己吃盡了苦頭。第一個是版本的更動，帶來的問題包括內容格式不相容以及重複的投資、安裝與學習。第二個問題是格式的鎖死，再用艱難。

　　過去一年來，改用TiddlyWiki做另一種嘗試：工作上的軟體當然不能廢，但是，產出的成果一定轉成兩種格式：純文字檔以及JPEG影像檔，然後以這兩個檔案做自己的知識管理。各種途徑收集來的資訊也同樣處理。TiddlyWiki開放原始碼的作法，讓我安心許多。當然它還有許多缺點存在，但一年來使用愉快，也開始推薦他人使用。

　　這本書是個人使用之後的野人獻曝之舉，希望能讓更多人享受到使用這個工具的樂趣。寫作時，心中設想的對象並非電腦專業人士，而是希望會操作電腦者均可以看得懂。因此，對於電腦專業的人士而言，或許若干章節繁瑣了些，但說不清楚導致不會用的情形應該是很少才對。

　　本書之成，是筆者多年前撰寫教科書之後的另一嘗試，希望對您有所幫助。並期待您的不吝指正。

施保旭 2007年夏

世新大學 數位多媒體設計學系

目錄 CONTENTS

序 ⋯⋯⋯⋯⋯⋯⋯⋯⋯⋯⋯⋯⋯ I

目錄 ⋯⋯⋯⋯⋯⋯⋯⋯⋯⋯ 4

1. 前言 ⋯⋯⋯⋯⋯⋯⋯⋯ 6

從維基百科熱潮談起 ⋯⋯⋯⋯ 7

基本觀念與術語 ⋯⋯⋯⋯⋯ 8

TiddlyWiki的系統需求與取得 ⋯⋯ II

TiddlyWiki的版本更新 ⋯⋯⋯⋯ 16

特別說明 ⋯⋯⋯⋯⋯⋯⋯⋯ 17

2. TiddlyWiki的基本操作 ⋯ 24

啟動TiddlyWiki ⋯⋯⋯⋯⋯⋯ 25

TiddlyWiki畫面 ⋯⋯⋯⋯⋯⋯ 27

詞條的開啟與關閉 ⋯⋯⋯⋯ 29

起始設定 ⋯⋯⋯⋯⋯⋯⋯ 31

TiddlyWiki的主功能表 ⋯⋯⋯ 32

選項設定 ⋯⋯⋯⋯⋯⋯⋯ 33

儲存檔案 ⋯⋯⋯⋯⋯⋯⋯ 38

詞條總管 ⋯⋯⋯⋯⋯⋯⋯ 40

啟動時的畫面編排 ⋯⋯⋯⋯ 43

知識庫的全文檢索 ⋯⋯⋯⋯ 45

鍵盤的速簡操作法 ⋯⋯⋯⋯ 60

3. 詞條的編輯 ⋯⋯⋯⋯⋯ 62

新增詞條 ⋯⋯⋯⋯⋯⋯⋯ 63

新增日誌條目 ⋯⋯⋯⋯⋯ 65

開啟已存在之詞條 ⋯⋯⋯⋯ 66

瀏覽詞條 ⋯⋯⋯⋯⋯⋯⋯ 67

編輯詞條 ⋯⋯⋯⋯⋯⋯⋯ 69

輸入文字 ⋯⋯⋯⋯⋯⋯⋯ 71

覆寫／剪下／複製／貼上文字 ⋯ 73

拖曳式編輯 ⋯⋯⋯⋯⋯⋯ 73

加入標籤 ⋯⋯⋯⋯⋯⋯⋯ 74

刪除與復原 ⋯⋯⋯⋯⋯⋯ 77

文件列印與格式設定 ⋯⋯⋯⋯ 78

4. 文字的格式化 ⋯⋯⋯ 84

文字樣式編輯 ⋯⋯⋯⋯⋯ 85

加入漸層底色 ⋯⋯⋯⋯⋯ 86

醒目提示文字 ⋯⋯⋯⋯⋯ 87

插入日期及時間 ⋯⋯⋯⋯ 89

格式字元的取消 ⋯⋯⋯⋯ 91

插入特殊字元 ⋯⋯⋯⋯⋯ 94

非維基字詞 ⋯⋯⋯⋯⋯⋯ 103

加入隱藏式註解 ⋯⋯⋯⋯ 104

插入HTML語法 ⋯⋯⋯⋯⋯ 105

5. 段落的格式化 …… 108

段落的編排 …………… 109

段落標題的形成 ……… 109

自動水平分隔線 ……… 111

自動項目符號清單 …… 113

自動項目編號清單 …… 115

引文 …………………… 119

巨集指令 ……………… 122

allTags ……………… 124

br ……………………… 125

closeAll ……………… 125

gradient ……………… 125

list …………………… 125

newJournal ………… 126

newTiddler ………… 126

permaview …………… 131

saveChanges ………… 131

search ………………… 131

slider ………………… 132

sparkline …………… 135

tabs …………………… 136

tag …………………… 139

tagging ……………… 141

tiddler ……………… 142

timeline ……………… 145

today ………………… 145

version ……………… 145

6. 表格的處理 …………… 146

建立表格 ……………… 147

表格標題的設定 ……… 149

表格欄位標題的設定 … 149

儲存格內容的編排 …… 150

儲存格的合併 ………… 153

表格大小與格線粗細的調整 …… 155

儲存格加網底 ………… 156

其他軟體表格的匯入 … 161

7. 圖片的處理 …………… 170

插入圖片 ……………… 171

圖片與提示訊息 ……… 172

圖片與連結 …………… 173

圖片的編排 …………… 175

調整圖片大小 ………… 176

8. 知識間的連結 ………… 178

名稱連結 ……………… 179

連至外部網站 ………… 181

連結至資料夾 ………… 182

一般的維基詞條 ……… 182

9. 活用技巧 ……………… 186

善用目錄與標籤 ……… 187

提綱挈領：由上而下的技巧 … 188

厚積薄發：由下而上的技巧 … 189

後台功能表 …………… 189

知識庫整合 …………… 191

發表知識庫 …………… 196

擴充套件 ……………… 198

自訂畫面 ……………… 211

進階研究 ……………… 221

前言。

　　知識管理（Knowledge Management）對於許多單位來說，可能是一個不知找誰發作的痛。在知識管理熱潮中，投下大把銀子採購硬體、軟體、進行人員培訓，甚至訂定各種獎勵措施以鼓勵同仁共襄盛舉貢獻知識，許多單位得到的往往是一堆無法管理與再用的檔案，熱潮消退後便無人聞問。知識收集本身不是目的，真正的目的是希望能加以再用。能夠再用之前，知識必須經過有效的分類與整理，包括彼此間的連結與參考援引。知識管理既是如此一個不易做得好的課題，又如何談個人的知識管理呢？

　　知識管理固然是一個複雜的議題，但是組織不易做好知識管理其關鍵卻往往不在知識管理本身。個人反而是一個實施知識管理的最佳對象。理由很簡單，如前所述，知識收集管理的目的是再用──個人最清楚何種資訊或知識對自己最有用（許多考試考不好者，對於有興趣的議題可是如數家珍）；知識要能再用必須先經有效的整理──個人最清楚知識如何整理對自己最容易檢索（房間再亂，房間主人總是能找出他自己放進去的東西）；知識收集最困難的是人性議題──個人知識管理直接受益者便是個人（許多作文作業交不出者，其日記可寫得相當的充實而有恆）。因此，個人知識管理是一個相當值得推廣的議題。真正的問題只在於，是否有一個方便易用的工具平台罷了。

　　如今這麼一個平台已經誕生，而且免費、好用、效率佳、彈性大。雖然許多人對它的定位各有不同見解，但本書的目的便是從個人知識管理系統的角度來加以介紹：TiddlyWiki。

▶. 從維基百科熱潮談起

　　維基百科（Wikipedia）是一個網際網路上的多語言百科全書創作計劃，其目標及宗旨是為地球上的每一個人提供免費的百科全書，逐步成為全世界知識的總和。自2001年1月15日（這一天已被許多人稱為「維基百科日」，Wikipedia Day）正式成立，截至2007年5月底，維基百科條目數最高的英文版已經有180萬個條目，而所有250餘種語言的版本共超過740萬個條目，大部分頁面都可以由任何人使用瀏覽器進行閱覽及修改（這些數據隨時變動中，有興趣者請上wikipedia.org參觀）。維基百科目前只有一個非營利的Wikimedia基金會負責募款，而管理者以及編輯則都是來自世界各地的志工。

　　撰寫或修改維基百科很容易，在任何詞條中一旦看到紅色的連結，便代表那是空的詞條。點進去，任何人經過註冊就可以開始創造新的詞條。而已經存在的條目也能隨時修改。隨著參與的人越來越多，任何一個詞條都將經過許多人的審閱與編輯，因此，其內容也越來越完整且嚴謹。線上無界限的空間與彈性更是讓新增的知識不至於有遺漏之情事。讓這一切變成可能的便是維基（wiki）技術。

　　然而，維基百科雖然自由、開放，但大部分人其實除了當作方便的線上百科進行檢索外，並不知道該如何充分利用。買了英漢字典不代表從此英文能力突飛猛進。同樣的，網路上有了免費的百科全書並不代表人人都掌握了知識。如果不能依自己最有效的方式來收集、整理需要的資訊，越多的資訊只是帶來越多的負擔。知識管理的要義是：即時而恰如需求的知識，就是最好的知識。因此，維基百科給我們主要的啟示有二：

　　第一，人人都可以寫作百科全書：寫作百科全書似乎太沉重，但，個人知識庫呢？每個人是否該針對自己所需要或是感興趣的題目收集建立一套自己的知識庫？尤其現在整體社會走向專業分工，專業知識豐富與否，將成為職場優勝劣敗的關鍵。而資料必須經過收集、分類、整理、編錄之後，才能成為自己的知識，別人是很難代勞的。

第二，維基寫作方式是建立知識庫的良好模式：以詞條的方式，隨時在知識庫中進行增添、修改、編輯，甚至刪除。而且各個詞條之間又可以很容易的相互參照、連結。在結構化的知識架構之外，再加上全文檢索的功能。傳統的文書處理軟體、資料庫系統都很難做到這一點。關鍵的維基技術似乎是一個真正的突破點。

基本觀念與術語

在進入軟體系統的介紹之前，讓我們先將幾個重要觀念與術語做一個說明。

|| TiddlyWiki ||

目前提供維基技術的軟體相當多，本書將以TiddlyWiki作為介紹對象。TiddlyWiki是由Jeremy Ruston和一群優秀的志工團體（正確的說應該是一個開發社群development community，其網址為：http://www.tiddlywiki.org）所開發與維護，以HTML、CSS及JavaScript開發而成。它可以在各種瀏覽器上獨立執行，使用者可以直接將它下載至個人電腦中，或是放在隨身碟裡，到處帶著走，只要有瀏覽器便可以處理它。所有的維基功能以及您所建入的資料均存放於同一個HTML檔案之中，十分的方便。（但是這裡有一個小小的例外，儲存在HTML檔案裡的資料只有文字部份，插入的圖檔或其它多媒體檔案則是只有記錄其位置，而檔案本身仍是獨立外加的。這樣做也有一個好處，不會讓檔案一下子變得極大。）

與其他維基系統不同的一項特色是，TiddlyWiki並不需要伺服軟體系統（Server），只需單機即可執行。同時，也不需要安裝以及組態設定的動作。更重要的是，它對外的發行授權方式適用開放原始碼原則。

它像維基百科全書一般的將知識分為一個個的詞條，它也像維基百科一般的讓您隨時可以在任何一個位置加入連結，也可以隨時將任何一個字詞獨立為自己的詞條，以供進一步展開。因此，使用

TiddlyWiki系統時，閱讀是採取連結進行的，而非循序式的。運用TiddlyWiki進行寫作時，也是發散展開的。這種寫作方式便稱為「維基寫作」。

TiddlyWiki相當適合用來作為個人記事本、行事曆、日誌、備忘錄、待辦事項整理、……等等。將它放到個人網頁空間上，則成了個人網站，更可建立成部落格。然而，我們更有興趣的是把它當個人知識管理系統，拿它來建置個人知識庫。我們稱TiddlyWiki為知識管理系統，而不是百科全書（Encyclopedia）系統，更不叫個人記事系統（Personal Notebook），主要是它具有這些系統所有的功能。它：

　　◎像個人記事系統：它可以自動產生日誌條目（journal），讓您撰寫個人記事。因此，它相當適合用來作為部落格的工具。

　　◎像百科全書系統：它可以讓您建立一個個的詞條，輕易維護彼此間的交互參照關係，並容許隨時進行更新與查詢。

　　◎只是個人系統：它並不支援群體編輯功能。

‖ 維基字詞（Wiki word）‖

在維基寫作中，任何含有二個以上的大寫英文字母，以及一個以上的其他小寫字母或符號，而且是由大寫字母開頭的字詞被稱為「維基字詞」。在維基知識庫中，維基字詞將被視為詞條的連結。點選文章中的維基字詞，便可以連結至該字詞所代表的詞條。而要創設新的詞條時，只要在文中拼寫一個維基字詞來代表其標題即可。如果這個詞條已經建立，則此維基字詞將顯示為粗體字；如果尚未建立，則該維基字詞將顯示為斜體字，只要點選它便可叫出新增該詞條的畫面，以便加以編輯建立。（維基字詞顯示為藍色粗體字或是斜體字的作法和維基百科中顯示為藍色字或紅色字的目的是一樣的。）例如，下列是一些維基字詞的例子：JavaScript, AGame, UserName, KnowledgeManagement, DataStructure, TrainingProgram, CProgramming, P2P。下列的例子則不是：C, C++, KM, uPNP, uPnP。當然，這個方便的機制只對英文字母有效，至於中文字則必須

以特定的符號來標示詞條的連結。

‖ 知識庫及詞條（Tiddler）‖

用TiddlyWiki所建立的整體資料我們稱之為知識庫。這個知識庫如果類比至維基百科全書，則這部百科全書中的一筆筆資料（知識）便是一條條的詞條。這個詞條在TiddlyWiki軟體中稱為tiddler。因此，在本書接下來的章節中，我們將以「詞條」這個術語來稱呼我們所要建立或所建立的一筆筆資料項目，而整個知識庫就是由許許多多的詞條所組成的。每個詞條都是一個可以獨立開啟、編輯的超連結文本（Hypertext）。

事實上，在TiddlyWiki中，詞條的使用並不僅限於知識的內容，包括系統參數（如知識庫標題）、系統的設定（如標題的顏色）、以及外掛程式等等，都是以詞條的方式來完成。因此，詞條的編輯除了更新知識庫的內容之外，也可用來改變知識庫的外貌與功能。這一點我們會在適當的章節再進一步說明。

TiddlyWiki開發者對於詞條的規模有一個建議，就是最好不要超過一個螢幕顯示的大小。在此規模下，不論詞條內容的檢視編輯，或是維護更新，都相當的容易完成。如果有一天需要將您的知識庫內容在不支援中文的環境下呈現時（例如，放在網頁上讓台灣以外的讀者閱讀），也可以很容易的以詞條為單位轉成影像檔，然後再加入需要的連結即可。因此，使用詞條的觀念來建立知識庫所附帶的好處便是，不論從實體電子檔案角度或是從內容意義上，詞條的規模都是一個很合適的處理對象。

‖ 標示（Mark up）與標籤（tag）‖

為了能夠在所有的系統上都具有移植性，TiddlyWiki所建立的資料便只能包含文字檔案，而不能包括其他具有特殊格式的資料。事實上這個要求乃是衍生自網際網路的要求。連上網際網路的電腦有各種的品牌、不同的組態，以及五花八門的軟體版本，為了讓大家都能讀

取，便不能使用一些獨門的格式資訊。因此，對於格式編輯等工作，TiddlyWiki採取的是在資料中加註特定文字的作法，來進行標示。換言之，一份純文字的檔案便可以餵入TiddlyWiki中建立您的知識庫，而只要在其中加入一些標示字元，便可以充分利用到維基寫作的功能。

有別於傳統對於知識的固定分類方式，TiddlyWiki也提供了Web 2.0精神中相當重要的「通俗分類」（Folksonomy）能力。也就是說，使用者根據個人主觀的看法，對於知識的內容加以分類貼標籤（tag），而這些分類標籤將逐漸累積出獨特的知識體系，而更能貼近使用者的認知。對於越來越龐大的知識庫而言，通俗分類讓知識的分類與架構更貼近使用者的思考方式與內容，因此，在需要檢索或是閱讀時，便會更具有效率。如果再加上與同儕或是同好交換與觀摩的話，這些知識分類的效用將遠大於傳統圖書館所做的知識分類。相較於檢索網站所提供的關鍵字檢索結果，越來越多的人寧可依賴同儕間所建立的通俗分類體系來進行資訊的檢索與運用。在TiddlyWiki中，對於任何一個詞條均可以很容易的加以貼上標籤，以達成通俗分類的目標。

▶. TiddlyWiki的系統需求與取得

TiddlyWiki只要一般的瀏覽器便可以執行，因此並無特殊的軟硬體需求。但是因為各瀏覽器均略有不同，因此執行的情形也小有差異。這些差異主要在於編輯成果的存檔處理，經TiddlyWiki社群測試過可正常工作的瀏覽器如下表。

瀏覽器	版本	功能說明
Internet Explorer	6.0+	正常
Firefox	1.0+	正常
Safari	1.0+	可存檔，但需使用外掛程式完成；其他若干小問題（TiddlyWiki網站的「Safari」詞條有詳細說明）

Opera		存檔工作需使用外掛程式來完成；「漸層巨集指令」工作不正常
Netscape Navigator	7.0+	正常
Camino	1.0+	正常
Wii		僅能瀏覽

　　請注意，有些瀏覽器並沒有提供中文版，因此，對於中文的資訊並不見得能正確處理，最常見的麻煩會出現在中文資料夾名稱以及檔案名稱（也就是檔案的「路徑名稱」）部分。

　　‖ Internet Explorer或Firefox？ ‖

　　就顯示效果來說，Mozilla Firefox的結果最正確，微軟的Internet Explorer則是顯示效果略遜一籌（有時產生的編排效果不如預期，略有偏差，但影響不大）。因此，雖然在台灣大家比較常用的是Internet Explorer中文版，但是Mozilla Firefox這幾年在自由軟體風潮之下，也已經有了相當多的用戶。TiddlyWiki便強烈的建議使用Firefox。

　　相較於Internet Explorer，Firefox的幾個重要特點包括：

　　◎不需安裝；

　　◎可以帶著走（Portable版本）。

　　因此，您可以在拇指碟上存一份Firefox Portable，用它來作為知識庫的處理工具，同時把各個知識庫均建在拇指碟中，如此便可以帶著您的知識庫到處走，而不必擔心各機器軟體安裝不同的問題了。

　　基本上，為了展現TiddlyWiki在這兩個瀏覽器上的適用性，本書的畫面Internet Explorer及Firefox Portable均加以採用。

　　取得Firefox的方法相當簡單，步驟如下：

　1.先到下面的網址：

　　http://rt.openfoundry.org/Foundry/Project/index.html?Queue=454

▲自由軟體鑄造場OSSF的「可攜式Firefox中文化」專案

　　這是由中央研究院資訊科學研究所負責建置營運的「自由軟體鑄造場」OSSF（OSSF Supports Software Freedom）關於「可攜式Firefox中文化」專案的官方網站。由網頁中可以看出，最新釋出版本為2.0.0.4。

2.點選「最新釋出版本」之後的數字（本例為2.0.0.4）便可進入下一步：

請點選代表繁體中文版的「Firefox_Portable_2.0.0.4_zh-TW.exe」加以下載。

3. 在下載的「Firefox_Portable_2.0.0.4_zh-TW.exe」檔案上快點兩下加以解壓縮，便會產生一個名為「FirefoxPortable」的資料夾。Firefox Portable執行所需的所有檔案均在此資料夾中，只要將它拷貝至任何您希望使用它的地方即可（例如，拇指碟中）。沒錯，直接拷貝，不需任何安裝的動作。

4. 要執行Firefox Portable時，只需執行前述資料夾中的FirefoxPortable.exe檔案即可。

FirefoxPortable.exe
Mozilla Firefox, Portable Edition
PortableApps.com

‖ 下載TiddlyWiki ‖

接著進入TiddlyWiki軟體取得程序的介紹。如前所述，TiddlyWiki是一個免費的軟體，可以自其網站下載。要取得TiddlyWiki，請依下列的步驟進行：

1. 首先到TiddlyWiki的網站首頁：

http://www.tiddlywiki.com

其首頁內容如下圖所示（註：當您對TiddlyWiki進一步的熟悉之後便會發現，這整個TiddlyWiki網頁便是以TiddlyWiki所建立的一份知識庫）：

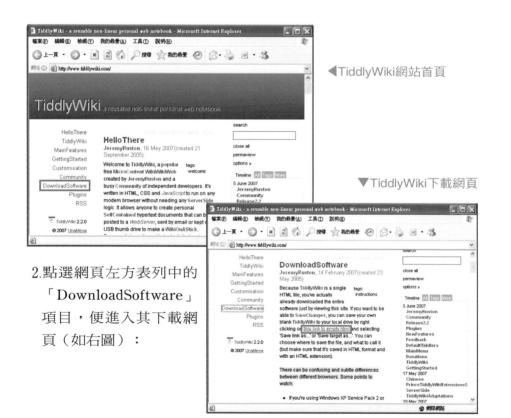

◀TiddlyWiki網站首頁

▼TiddlyWiki下載網頁

2. 點選網頁左方表列中的「DownloadSoftware」項目，便進入其下載網頁（如右圖）：

3. 將滑鼠游標移至畫面中央的 this link to empty.html 這個連結上，按下滑鼠右鍵，點選突現式功能表中的「另存目標...」，然後在接著出現的「另存新檔」對話盒中指定一個位置加以儲存即可。此時，您可以對此一即將下載至您電腦中的檔案取一個較具意義的名稱（預設值為empty.html）。例如，可以稱為「小明的讀書筆記.html」（在之後的操作介紹中，為了行文方便起見，我們均將以「小明的讀書筆記.html」作為您所建立的知識庫之例）。檔案名稱的要求和Windows系統的要求相同，中英文均可，最長可以有255個字元，但不可以夾雜下列的字元：

* / \ < > ? ; : "

▶. TiddlyWiki的版本更新

　　TiddlyWiki的版本不斷的在演進當中，您可以隨時到它網站首頁看看是否有最新的版本問世。問題是，一但開始使用TiddlyWiki來建立自己的知識庫時，原先下載的檔案便已經受到更改。當您拿到新版的TiddlyWiki檔案時，就好像拿到一個全新的空知識庫一般，要如何將已經記錄滿滿的舊知識庫搬到到新的空知識庫去呢？我想習慣使用手機記憶體存放各種資料的人，當他拿到一支不同的新手機時所面臨的窘境便與此類似。

　　還好，這件工程問題不大，只要按照下列說明的步驟處理即可：

1. 在瀏覽器中開啟您的TiddlyWiki檔案（例如，前述的「小明的讀書筆記.html」）；

2. 點選「save changes」功能（注意，選項設定中，SaveBackups要打勾，請見第2章的說明）以便將原有內容先作一個備份；

3. 再開啟一個瀏覽器網頁，到TiddlyWiki網頁找到前述的 this link to empty.html 這個連結，將滑鼠移過去按下右鍵，點選突現式功能表中的「另存目標...」，並在隨後出現的「另存新檔」對話盒中點選您原來的TiddlyWiki檔案（例如，前述的「小明的讀書筆記.html」）以便將舊版蓋掉；

4.回到原先在步驟1中已開啟的TiddlyWiki網頁（也就是例子中的「小明的讀書筆記.html」），再按一次「save changes」。這個動作將您所建立的知識庫存放到新版的檔案中去；

5.刷新TiddlyWiki網頁，此時已經改用新版的TiddlyWiki了。

　　常見造成更新失敗的原因往往是已經安裝的外掛程式（參見第9章）與新版的TiddlyWiki不相容所致。此時最簡單的解決方法是將新版的TiddlyWiki另存成一個新的空知識庫（與舊知識庫的檔案名稱不同即可），然後到該新知識庫運用「匯入詞條」的功能（參見第9章）將舊知識庫中的詞條加以匯進去即可。

▶ 特別說明

‖ TiddlyWiki的版權問題 ‖

在TiddlyWiki的網站首頁上很清楚的說明它的授權方式如下：

　　"TiddlyWiki is published under a BSD OpenSourceLicense that gives you the freedom to use it pretty much however you want, including for commercial purposes, as long as you keep my copyright notice. ..."

　　換言之，TiddlyWiki的授權方式適用BSD開放原始碼授權方案，您可以做任何的處理（包括商業應用），唯一的條件是必須保留原作者的著作權訊息。而這些著作權訊息均是內嵌於TiddlyWiki程式碼之中，除非您是程式高手進到程式碼中去進行修改，否則，正常使用下此一要求是完全不成問題的。為了讓您在規劃運用TiddlyWiki時能更加無後顧之憂，特將其著作權宣告列出如下（後半段的全大寫部分則是一般軟體常見的「免責聲明」）：

TiddlyWiki created by Jeremy Ruston, (jeremy [at] osmosoft [dot] com)

Copyright (c) UnaMesa Association 2004-2007

Redistribution and use in source and binary forms, with or without modification, are permitted provided that the following conditions are met:

Redistributions of source code must retain the above copyright notice, this list of conditions and the following disclaimer.

Redistributions in binary form must reproduce the above copyright notice, this list of conditions and the following disclaimer in the documentation and/or other materials provided with the distribution.

Neither the name of the Osmosoft Limited nor the names of its contributors may be used to endorse or promote products derived from this software without specific prior written permission.

THIS SOFTWARE IS PROVIDED BY THE COPYRIGHT HOLDERS AND CONTRIBUTORS "AS IS" AND ANY EXPRESS OR IMPLIED WARRANTIES, INCLUDING, BUT NOT LIMITED TO, THE IMPLIED WARRANTIES OF MERCHANTABILITY AND FITNESS FOR A PARTICULAR PURPOSE ARE DISCLAIMED. IN NO EVENT SHALL THE COPYRIGHT OWNER OR CONTRIBUTORS BE LIABLE FOR ANY DIRECT, INDIRECT, INCIDENTAL, SPECIAL, EXEMPLARY, OR CONSEQUENTIAL DAMAGES (INCLUDING, BUT NOT LIMITED TO, PROCUREMENT OF SUBSTITUTE GOODS OR SERVICES; LOSS OF USE, DATA, OR PROFITS; OR BUSINESS INTERRUPTION) HOWEVER CAUSED AND ON ANY THEORY OF LIABILITY, WHETHER IN CONTRACT, STRICT LIABILITY, OR TORT (INCLUDING NEGLIGENCE OR OTHERWISE) ARISING IN ANY WAY OUT OF THE USE OF THIS SOFTWARE, EVEN IF ADVISED OF THE POSSIBILITY OF SUCH DAMAGE.

‖ 瀏覽器的設定問題 ‖

TiddlyWiki的功能是由JavaScript所製作完成，因此，在您的瀏

覽器設定中，必須將此一功能加以開啟。當您開啟TiddlyWiki檔案時，如果出現如下所示的畫面，便表示在您的瀏覽器設定中，已將JavaScript的功能加以關閉了。

▲由於安全設定的問題，TiddlyWiki功能被封鎖而無法執行

您可以到瀏覽器工具列下方的提示訊息上點下滑鼠鍵，

然後在出現的功能表中選取「允許被封鎖的內容」即可：

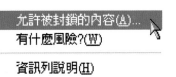

此時，瀏覽器仍會以「安全性警告」對話框提示可能的風險。由於我們確知自己使用的軟體，因此點下「是」按鈕即可開始使用。

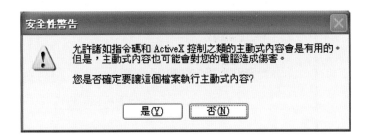

前述的步驟在每次使用TiddlyWki時均需重覆執行，不免覺得有些
繁瑣。一勞永逸的方法是開啟瀏覽器的JavaScript功能。其方法步驟如
下：

1.點選瀏覽器功能表列的「工具」項目：

2.在出現的下拉式功能表中點選「網際網路
選項...」：

3.進入「網際網路選項」對話盒，點選「進階」書籤，然後將「允許
主動式內容在我電腦上的檔案中執行」前的方塊 ┌ 加以點選成打勾
即可：

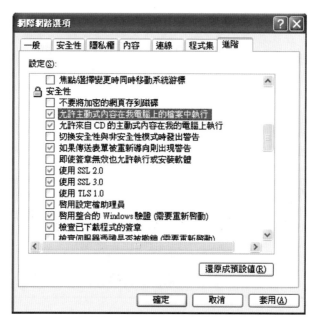

▲開啟瀏覽器的JavaScript功能

4.關閉瀏覽器，重新開啟TiddlyWiki檔案，出現如下的畫面，大功告成，可以開始體驗TiddlyWiki的功力了。

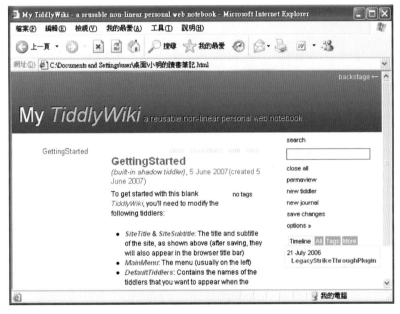

▲TiddlyWiki順利開啟

此外，如果您使用的系統是Windows XP SP2或是Vista，瀏覽器是Internet Explorer時，有時會因為系統鎖住外來的檔案而無法進行編輯成果的存檔。為了避免此一問題發生，請先到下載的.html檔案符號上按下滑鼠右鍵，點選功能表中的「內容」項目叫出內容說明對話如下所示：

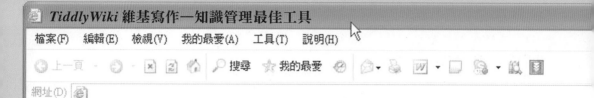

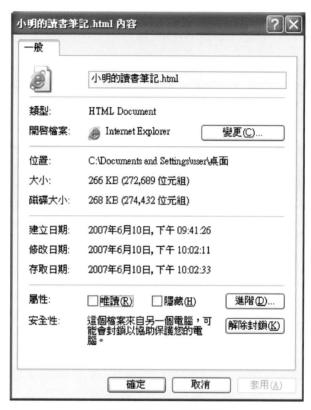

▲檔案的「內容」說明畫面

　　請注意內容說明表下方的「安全性：……」的說明，如果這些說明有出現，而且說明後方的「解除封鎖」按鈕可點選的話，請點下「解除封鎖」按鈕，再點下「確定」按鈕來解除此一封鎖即可。

TiddlyWiki的基本操作。

　　TiddlyWiki的第一個大優點是很容易上手開始使用。本章將介紹TiddlyWiki的基本操作，像是畫面的說明以及詞條的開啟與瀏覽等等。另一個重要的優點是不需要複雜的軟體安裝程序，也不用一大堆的設定。然而，每個人對於一項軟體的使用都有不同的習慣，因此，有時便需進行一些使用上的設定。和其他軟體相比，TiddlyWiki的設定項目相當的少，甚至不予設定亦無妨。本章將介紹一些基本的設定工作，至於較複雜或是較具技術性的設定工作則會留到第9章再來介紹。

　　全文檢索是TiddlyWiki一個相當重要的功能，如果要做知識庫管理，這也是一個相當重要而不可或缺的部份。因此，本章後半段的重點便是全文檢索的說明。

　　總之，本章的目的是讓您可以開始操作TiddlyWiki，先當個讀者，知道如何從知識庫中找到所需的資訊，而在下一章才開始學習建立或編輯自己的知識庫內容。

▶. 啟動TiddlyWiki

　　TiddlyWiki的操作相當的簡單，由於它是一個獨立的HTML檔案，並不需要伺服器的存在，因此，如同其他軟體建立的檔案一樣，主要的開啟方式有兩種：

‖ 由TiddlyWiki的HTML檔案開啟 ‖

　　在TiddlyWiki的HTML檔案（在我們的例子中，便是「小明的讀書筆記.html」）圖符上快點兩下，即可開啟瀏覽器，並進入TiddlyWiki畫面。

▲快點兩下TiddlyWiki
　圖符打開知識庫

　　當然，此時會使用Internet Explorer或是Firefox完全依您對於.HTML檔案的連結設定而異。預設值是Internet Explorer，要加以變更，您可以在上示圖符上按下右鍵，在突現功能表中點選「內容」以叫出下列的對話框：

點選「變更」按鈕，叫出「開啟檔案」工具選擇對話如下：

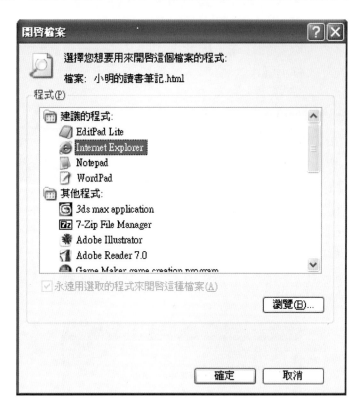

如果FirefoxPortable未出現在中間的程式清單中，點選「瀏覽」按鈕來選擇它即可。然後一路點選「確定」回去，完成設定。

請注意，一旦您做了這項變更，以後所有的.HTML檔案將預設由FirefoxPortable做處理。

‖ 由瀏覽器開啟 ‖

先進入瀏覽器，然後點選瀏覽器功能表的「檔案」-「開啟舊檔…」：

您可以在出現的「開啟」對話盒中輸入檔案名稱，或是點下「瀏覽」按鈕，叫出Windows的檔案開啟介面進行尋找，然後選擇Tiddly-Wiki的HTML檔案進行開啟即可。

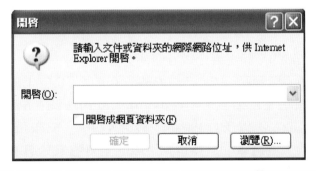

▶. TiddlyWiki畫面

TiddlyWiki的畫面和其他網頁的畫面十分類似，下圖所示的是第一次使用時的畫面。由畫面中，我們可以很容易看到畫面分割的各個主要區域。（您是否發現了，這個畫面安排與整體風格和TiddlyWiki網站首頁幾乎完全一樣！唯一不同點可能是標題區右上角的「後台入口」。）

檔案(F)　編輯(E)　檢視(V)　我的最愛(A)　工具(T)　說明(H)

上一頁 ·　　·　搜尋　我的最愛

網址(D)

▲TiddlyWiki的第一次使用畫面

TiddlyWiki的畫面主要分成五個部份：

◎上方的「標題區」：包含主標題（目前為「My TiddlyWiki」）
　與副標題（目前為「a reusable non-linear personal web
　notebook」）以及右上角的「後台入口」（backstage）。

◎左側的「主選單」：整份知識庫的主要進入點選單（目前只有
　一項為「GettingStarted」）。

◎中央的「內容區」：所有詞條的顯示區域（目前只顯示
　「GettingStarted」一條），不論詞條瀏覽、檢索結果、詞條編
　輯，甚至一些較複雜的設定工作，均會在此區進行。

◎右上方的「主功能表」：TiddlyWiki主要的功能表、選項設
　定、以及其他輔助功能，均集中在此區中。

◎右下方的「詞條總管」：此區以各種不同的排列方式來列出知

識庫中的所有詞條。

上述這些區域的內容、功能和設定，我們將在接下來的各節中加以說明。

▶. 詞條的開啟與關閉

在TiddlyWiki中，任何自動顯示為藍色字體的文字都是一個詞條連結，只要點選該連結便可以開啟其對應的詞條。開啟的詞條將顯示在畫面中間部分的中央內容區。新開啟的詞條內容會顯示在上端，而將之前開啟的詞條內容往下推。當然，如果詞條的內容累積起來超出畫面高度的話，畫面右側將會自動出現捲動軸供您選擇要檢視的區域。

我們以上圖中「GettingStarted」詞條內容的顯示為例，說明一個詞條在內容區內顯示的資訊如下圖所示：

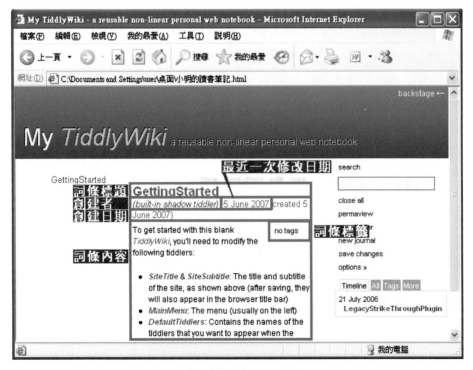

▲典型的詞條顯示內容

由上圖可看出，一個詞條的內容包括：

◎**詞條標題**：綜括本篇詞條內容的標題，可能是使用者所設立或是符合維基字詞的規則而產生。

◎**創建者**：創建本詞條的使用者大名。此名稱可於基本選項設定時加以設定，而且本詞條每次有所修訂時，創建者欄位名稱將改變為最後修改者的名稱。

◎**最近一次修改日期**：本詞條最後一次修改的日期戳記，在「詞條總管」中也將以此欄位來作為詞條先後順序的排列。

◎**創建日期**：本詞條第一次建立時的日期戳記。

◎**詞條標籤**：本詞條所貼的標籤（tag）。一個詞條可以貼上數個標籤，這些標籤均會在此列出。由於本例詞條未貼附標籤，故標籤區的顯示為「no tags」。標籤也可以在「詞條總管」中作為詞條管理分類的依據。

◎**詞條內容**：本詞條的主體，內容可以是文字、圖片、連結，以及各種組合。本書後續的大部分內容均是討論詞條內容的編輯、檢索等工作。

關閉詞條的方法有幾種，可視您要關閉的詞條對象而選擇運用：

◎再一次點選詞條連結，但同時按住Ctrl鍵，如果該詞條已經開啟，便會將該詞條關閉。

◎將滑鼠游標移至開啟的詞條內容上面時，在該詞條標題右上方便會出現一排功能表，點選其中的「close」即可關閉該詞條。（參見下一章「瀏覽詞條」的說明）

◎在上述的功能表中點選「close others」，則會關閉除了本詞條外的所有其他詞條。

◎點選畫面右上方主功能表內的「close all」指令，將關閉所有已開啟的詞條，但編輯中的詞條則不受影響。

▸. 起始設定

　　如「第一次使用畫面」所提示（也就是GettingStarted詞條的內容），要進行TiddlyWiki知識庫的建置，有幾項資料要先設定，您可以分別點選加以設定：

◎SiteTitle：本知識庫的主標題。預設值為「My TiddlyWiki」。一份TiddlyWiki知識庫的主標題放在一個名為SiteTitle的特殊詞條中。只要用滑鼠點選SiteTitle，然後在出現的詞條中將其內容修改成您的知識庫標題即可。

◎SiteSubtitle：本知識庫的副標題。預設值為「a reusable non-linear personal web notebook」。同樣地，知識庫副標題也是放在一個名為SiteSubtitle的特殊詞條裡面。您可以點選SiteSubtitle來加以叫出改成您要的副標題。

◎MainMenu：本知識庫列於左側的主選單。預設值只有「GettingStarted」一條。這個主選單的內容，同樣也是放在一個名為MainMenu的特殊詞條裡。因此，要修改知識庫的主選單時便非常容易。在主選單裡放的是知識庫的重要進入點，這些進入點連結到知識庫的主要內容。因此，它扮演的角色很像傳統百科全書的主題目錄頁，讓讀者很容易的依主題而查閱到自己所需要的詞條。這些進入點，實際上便是一個個的連結。當然，除了連結至本知識庫的內容外，也可以是連至其它網站的超連結。

◎DefaultTiddlers：開啟本知識庫時所預設開啟的詞條。預設值為「GettingStarted」詞條。這個設定也是放在一個名為DefaultTiddlers的特殊詞條裡。因此，可以點選DefaultTiddlers來開啟該詞條以供修改。DefaultTiddlers詞條內容裡面是一份詞條的列表，每列放一個詞條標題。當本知識庫開啟時，這裡所列出的各詞條便會依序顯示在中央的內容區域中。有關開啟TiddlyWiki時的畫面編排之進一步說明，請參閱稍後「啟動時的畫面編排」一節的說明。

檔案(F)　編輯(E)　檢視(V)　我的最愛(A)　工具(T)　說明(H)

上一頁　・　　・　▣　②　　　搜尋　　我的最愛　　　　・　　　・

網址(D)

◎大名：在每一個詞條的標題下方都會註記該詞條是由何人在
何時創建及修改，其中採用的便是您在這裡設定的大名。系
統預設值為「YourName」，您可以在畫面正中央下方的方
格中加以修改成您自己的名字，免得每個詞條的作者都叫做
YourName。

這些設定除了「大名」之外您都可以暫時不予理會，等哪天想好
了再來設定它。當然，設定之後，您也可以隨時再回來修改它。

TiddlyWiki相關的設定大部分均存放於特定的詞條中，而像「大
名」這種未存放於特定詞條中者，則將會以網路餅乾（cookie）的方
式暫存在您的瀏覽器中，因此，當您把TiddlyWiki建立的知識庫搬到
另外一個系統去使用時（例如，將它建在拇指碟帶著到處走），這些
設定便會無效。

▸. TiddlyWiki的主功能表

search

close all

permaview

new tiddler

new journal

save changes

options »

▲TiddlyWiki的主功能表

TiddlyWiki的主功能表項目相當精簡，分別加以說明如下：
◎search：整份知識庫的全文檢索，下方的長方格為檢索字串之
輸入處。詳細說明請見後面關於全文檢索的說明。

◎close all：關閉所有的詞條，中央內容區將清為空白。編輯中的詞條不會被關閉。

◎permaview：建立「顯示快照」，也就是說，將目前開啟的所有詞條依顯示順序記錄在瀏覽器的「網址」列中，下次再輸入此一網址時，便會完全恢復現在的畫面。一般的運用方法是先將畫面上的詞條安排成自己方便使用的順序與格式，然後按一下本指令，產生需要的網址，再點選瀏覽器功能表中的「我的最愛」項目，由下拉式功能表中點選「加入我的最愛」來將顯示的網址記錄起來。以後只要到瀏覽器功能表「我的最愛」項目的下拉式功能表中點選記錄下來的網址即可。進一步細節請參閱稍後的「啟動時的畫面編排」一節的說明。

◎new tiddler：新增一個空詞條，詳細請參閱第3章之說明。

◎new journal：新增一個空的日誌條目，詳細請參閱第3章之說明。

◎save changes：將編輯結果儲存起來，詳細請參閱後續「儲存檔案」一節之說明。

◎options »：「選項設定」功能表開合按鈕。點選此項目可開啟基本選項設定清單，再點選一次則加以關閉。這些選項設定將於下一節說明。

▶. 選項設定

TiddlyWiki基本選項設定畫面可以由主功能表的「options »」項目點選進入，各選項說明如下：

◎YourName長方格：設定您的大名。與初始畫面要求您設定的效果完全相同。預設值為「YourName」。

◎SaveBackups：進行檔案儲存時，是否要將舊檔案內容另行儲存為備份檔。若設定要儲存備份檔（預設值），每次進行存檔動作時，便會在指定的「備份檔歸檔資料夾」（在「進階選項設定」中設定，請見稍後的介紹）中產生一個檔案名稱與原來的

檔案(F)　編輯(E)　檢視(V)　我的最愛(A)　工具(T)　說明(H)

上一頁　·　　·　　　　搜尋　　我的最愛

網址(D)

▲TiddlyWiki的基本選項設定

TiddlyWiki檔案完全相同，只是尾巴多了時間戳記的檔案。必要時，根據這個時間戳記您便可以打開適當的備份檔去找回不慎殺掉的資料。預設值為啟用 ☑ 。

◎AutoSave：每次當您對任何詞條內容有所變動時，是否要自動做存檔的動作？自動存檔的好處當然是資料較不會丟失，但如果您有打開SaveBackups做備份檔時，將會產生一堆的備份檔，必須留意儲存空間是否足夠。預設值為不啟動 ☐ 。

◎RegExpSearch：進行全文檢索時，我們可以運用JavaScript的「正規敘述式」（Regular expression）以進行較複雜的搜尋方式。詳細說明請見後面關於全文檢索的說明。預設值為未啟用 ☐ 。

◎CaseSensitiveSearch：在做搜尋時，英文字母是否要區分大小寫的差異。預設值為不區分 ☐ 。

◎EnableAnimations：點選任一個詞條連結以開啟該詞條時，是否要做展開的動畫效果。是否使用當然取決於系統的速度了。預設值為要做動畫 ☑ 。

◎AdvancedOptions：「進階選項設定」的開合按鈕。TiddlyWiki
的進階選項設定是以一個標題為AdvancedOptions的詞條來存
放的，點選此標題等於開啟該詞條，內容如下頁圖所示。

‖ 進階選項設定 ‖

TiddlyWiki的進階選項設定（亦即AdvancedOptions詞條）內容
中，包含了所有的設定工作，茲將未與前述「基本選項設定」重複的
項目說明如下：

◎Name of folder to use for backups：「備份檔歸檔資料夾」，
指定要存放備份檔案的資料夾，若未加以指定（預設值），則
備份檔案將和原始檔案存放在同一個資料夾中。這些備份檔案
將會逐漸累積，並不會自動清除，因此，您必須自行決定何者
該留，而何者可加以刪除。例如，每週清一次，僅留該週的備
份檔。另一種較安全的作法是，每月加以備份另存它處後再刪
除，而另存的備份檔則累積至一定的量再壓到光碟片中保管。

◎Require confirmation before deleting tiddlers：在作詞條刪除
時，是否先提出警告。預設值是要 ☑。

◎Default character set for saving changes (Firefox/Mozilla
only)：設定存檔內碼，使用Firefox時才需設定，預設值為
UTF-8。

◎Don't update modifier username and date when editing tid-
dlers：是否將所有的編輯動作均當作微幅變更？有時我們對於
一個詞條的修改幅度相當的細微，實在不希望因此小題大作將
該詞條列為最新修訂項目而提升到詞條修改時間軸之頂端。有
兩種方法可以達到此要求：第一種是在點選編輯功能表的done
按鈕結束編輯工作時，先按住Shift鍵；另一種方法則是以按下
Shift+Control+Enter鍵來結束編輯工作。常常，我們會對已經
建立的知識庫內容做一番整體檢視並做一些小修正，這些更動
應該被視為細微修正而不該視為知識庫的新版推出。此時，可

檔案(F)　編輯(E)　檢視(V)　我的最愛(A)　工具(T)　說明(H)

上一頁　　　　　　搜尋　　我的最愛

網址(D)

no tags

Tweak advanced options
These options are saved in cookies in your browser

Option	Description	Name
☐	Enable animations	chkAnimate
☐	Automatically save changes	chkAutoSave
	Name of folder to use for backups	txtBackupFolder
☐	Case-sensitive searching	chkCaseSensitiveSearch
☑	Require confirmation before deleting tiddlers	chkConfirmDelete
UTF-8	Default character set for saving changes (Firefox/Mozilla only)	txtFileSystemCharSet
☐	Don't update modifier username and date when editing tiddlers	chkForceMinorUpdate
☐	Generate an RSS feed when saving changes	chkGenerateAnRssFeed
☑	Hide editing features when viewed over HTTP	chkHttpReadOnly
☐	Use the tab key to insert tab characters instead of moving between fields	chkInsertTabs
30	Maximum number of rows in edit boxes	txtMaxEditRows
☑	Open external links in a new window	chkOpenInNewWindow
☐	Enable regular expressions for searches	chkRegExpSearch
☑	Keep backup file when saving changes	chkSaveBackups
☐	Generate an empty template when saving changes	chkSaveEmptyTemplate
☑	Clicking on links to open tiddlers causes them to close	chkToggleLinks
Dr. Sposh	Username for signing your edits	txtUserName

☐ Show unknown options

▲TiddlyWiki的進階選項設定

預先將此選項直接打勾，之後的所有編輯動作將被視為微幅修改，而詞條的修改日期也將不會更新。預設情形為所有的修正均被視為新版推出 ⌐。

◎Generate an RSS feed when saving changes：是否要開啟自動針對修改內容產製XML RSS檔案的功能。當您決定將您的知識庫擺上網路發行時，此功能讓您的訂閱者可以隨時得知您的最新修改。詳見第9章的說明。預設值為不啟動 ⌐。

◎Hide editing features when viewed over HTTP：將知識庫放到網路上去讓大家透過網路來觀看時（也就是在瀏覽器網址列所呈現的URL是以http://開頭，而非單機使用時的file://開頭時），是否要將編輯的功能去掉？也就是說，只能看不能編輯。預設值為 ☑，要去掉。

◎Use the tab key to insert tab characters instead of moving between fields：按下定位鍵（Tab）時，是代表要輸入定位字元（此處打勾 ☑）或是跳至下一個項目（不打勾 ⌐）。預設值為跳至下一個項目 ⌐。

◎Maximum number of rows in edit boxes：設定詞條編輯框中一次所能顯現的最大列數，超過了這個數字便需用編輯框右側的捲動軸進行捲動。預設值為30。

◎Open external links in a new window：開啟連結到知識庫外的內容時，是否要放在新的視窗中進行。預設值為是 ☑。

◎Generate an empty template when saving changes：使用save changes指令以進行知識庫編輯成果存檔時，是否要同時建立一個空的樣板檔案？預設值為否 ⌐。當您在某個知識庫中進行了相當的設定與調整，或是外掛程式的開發與安裝之後，對該知識庫的功能或外觀覺得相當滿意時，可點選此選項。下次使用save changes指令時，會同時建立一個稱為empty.html的檔案，而這個檔案中除了知識庫內容是空的之外，您所做的設定均保存在其中，因此可拿來作為下一個知識庫建置的起點。

◎Clicking on links to open tiddlers causes them to close：對於已經開啟的詞條，如果再點選其連結是否要解讀為是要將其關閉？預設值為否▏。

▶. 儲存檔案

我們所輸入的文字或是所做的所有編輯與設定動作之成果均僅暫時存放於記憶體當中，換言之，一旦瀏覽器切換至其他網頁或關閉，或是電腦關閉時，這些資訊便會完全消失。若希望將來能繼續使用這些內容，我們必須加以存檔。

要將編輯內容存檔，僅需點選TiddlyWiki主功能表中的「save changes」項目即可。這些編輯結果便會將原先的TiddlyWiki檔案加以替換掉。如果您有設定要存備份檔的話，原先的內容會被存成另一個備份檔。因此，每次您所開啟的檔案都是最新的內容。而這些「備份檔」會在原有檔案名稱後面加上當時的日期以及一串數字之後，存於指定的資料夾中。因此，當您需要找回以往的版本時，便可以很容易的找到。

儲存完成後，TiddlyWiki會在標題區右方、主功能表上方出現如下訊息提醒您。

▲存檔成功訊息

在此訊息中，點選「Backup saved」連結可以叫出最近一份的知識庫備份檔（可以說就是倒數第二版），而點選「Main TiddlyWiki file saved」連結則可以叫出最新版（其實就是目前這一版）的知識庫內容。一般而言，只要確定此訊息有出現即可，出現後便可不必理會。

如果您尚未將編輯結果加以存檔便要切換至其他網頁或是關閉瀏覽器軟體的話，TiddlyWiki便會以下面這個訊息來警告您，並詢問您是否真的要放棄編輯的結果：

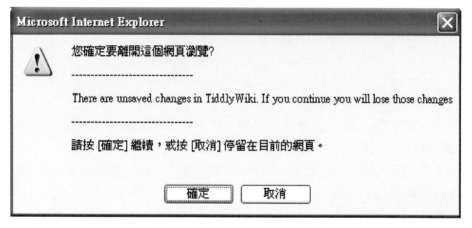

點選「確定」將會把尚未儲存起的編輯結果全部放棄掉，點選「取消」則是讓您留在原地，還可以再點選「save changes」來將成果存檔。請注意，此處和一般軟體的「您尚未存檔，要存檔嗎？」類型的提示正好相反，而是問您「真的要放棄嗎？」

同樣地，如果您設定的瀏覽器安全要求較高的話，在儲存檔案時會跳出一個提示視窗如下：

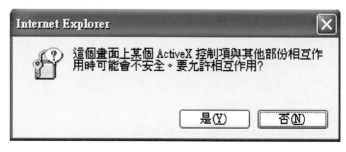

此時，只要點下「是(Y)」即可進行儲存的工作。

而在Firefox中，系統也會以如下的訊息提醒您：

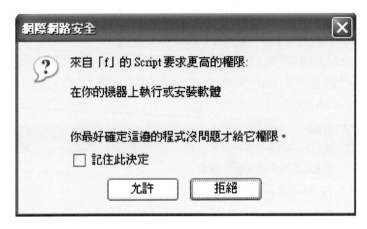

網際網路安全

來自「f」的 Script 要求更高的權限：

在你的機器上執行或安裝軟體

你最好確定這邊的程式沒問題才給它權限。

☐ 記住此決定

允許　　　拒絕

只要點選「允許」便可以繼續。當然，您可以將「記住此決定」的選項點選為打勾，以後這個警告便不會再出現。

請注意，您必須使用TiddlyWiki功能表的「save changes」項目來進行資料存檔，不可以使用瀏覽器功能表中的「儲存檔案」或是「另存新檔」。

▶. 詞條總管

TiddlyWiki畫面右下方有一個詞條清單顯示區，此區以不同的方式將知識庫中的所有詞條列出，我們稱之為「詞條總管」。這些詞條中，有些是您建立的，有些則是TiddlyWiki建立的。以下對這區的內容作一說明。

詞條總管主要以四種方式來列出知識庫中的詞條，依此區內的四個書籤區隔分別為：

◎Timeline：以詞條最近一次修改的時間為排序依據，新的在上舊的在下，列出所有的詞條。同時，在詞條上方會列出該詞條最近一次修改的日期。

◎All：以英文字母次序列出所有詞條。

◎Tags：以英文字母次序列出所有標籤，各標籤後則標示貼附該標籤的詞條總數。點選任一標籤便會以突現式清單列出貼附該標籤的所有詞條。

◎More：較特殊的詞條。其下再以書籤分為三組：

⋄Missing：已經建立詞條連結，可是詞條內容尚未建立者。當您在進行知識庫建置時，這些清單可以提醒您還有多少詞條仍待建置。

⋄Orphans：詞條內容已經建立，可是並無任何連結指向它者。

⋄Shadowed：目前詞條內容為系統給予的預設值者。這些詞條基本上都是對於系統十分重要的詞條，系統相關的設定均可以透過編輯這些詞條的內容來完成，因此必須存在。最簡單的例子是DefaultTiddlers, MainMenu, SiteTitle, 以及SiteSubtitle等詞條。因此，如果沒有特別加以建立（大部分並不需使用者去建立），或是不慎被使用者刪除的話，系統便會加以填入預設內容。您可由此處點選來加以編輯（例如，在後續章節談到修改或調整系統的預設功能時，便須修改若干系統詞條），一旦經過修改，該詞條便會和一般詞條一樣出現在Shadowed書籤外的其他書籤列表中。

這裡有一項比較尷尬的事情需要個別考量。由於TiddlyWiki使用的內碼是Unicode UTF-8，而中文字的內碼是依部首而分配排列的，這裡面的問題是我們日常所熟知的「順序」在此便無法派上用場。對數字而言，0, 1, 2, 3, ..., 9的內碼分別為0x30, 0x31, ..., 0x39（十六進位），因此排序沒有問題。可是中文的一、二、……、十呢？其內碼分別為0x4E00, 0x4E8C, 0x4E09, …, 0x5341，因此，如果您的詞條標題是以中文數字作為開頭的話，在詞條總管中的順序將不如您所預料的以這些數字進行排列。例如，我們將《水滸傳》七十回本以各回標題為詞條標題進行建檔後，在詞條總管「All」書籤下的順序為：

第一回　王教頭私走延安府　九紋龍大鬧史家村

第七十回　忠義堂石碣受天文　梁山泊英雄驚惡夢

第七回　林教頭刺配滄州道　魯智深大鬧野豬林

第三十一回　武行者醉打孔亮　錦毛虎義釋宋江

第三十七回　及時雨會神行太保　黑旋風鬥浪裏白條

第三十三回　鎮三山大鬧青州道　霹靂火夜走瓦礫場

第三十九回　梁山泊好漢劫法場　白龍廟英雄小聚義

第三十二回　宋江夜看小鼇山　花榮大鬧清風寨

……

　　用阿拉伯數字或是英文字母作開頭可以迴避此問題。另一種作法則是使用全形的數字0、1、2、……、9，這幾個字的內碼是連續的，只是它們會排在所有的中文字之後。

▲全形數字的內碼

▶. 啟動時的畫面編排

　　前已述及，啟動TiddlyWiki進入知識庫時，列在DefaultTiddlers詞條內容裡的各個詞條標題均會被開啟。除此之外，是否還有更多的「自動化」處理功能可以在一進入TiddlyWiki就自動處理完成呢？本節便是針對此一議題進行介紹。

　　TiddlyWiki提供了幾個啟動參數（Startup parameters）功能，可以用來進行知識庫啟動時的處理，這些參數的用法均是加在TiddlyWiki檔案名稱之後，而用一個「#」字元來和檔案名稱作為區隔，如果該啟動參數需要進一步的參數，則以「:」作為開頭後，接在該啟動參數之後以空格間格列出。如果同時要用到一個以上的啟動參數，這些啟動參數之間也是以空格格開。

　　注意，這些啟動參數將會使DefaultTiddlers詞條的效果失效。換言之，即使是列在DefaultTiddlers中，如果未符合啟動參數指定的要求，還是不會被自動開啟。

　　分別介紹各參數如下：

　　‖ newJournal ‖

　　開啟知識庫時，同時創建一個新的日誌條目，並開啟該日誌條目供您編輯。日誌條目的日期格式由接在「newJournal:」之後的參數來指定。請參閱第3章關於「新增日誌條目」的說明。

範例：

> 小明的讀書筆記.html#newJournal:"YYYY/MM/DD"

　　在瀏覽器的網址列中輸入此URL時，會開啟名稱為「小明的讀書筆記.html」的知識庫，並在進入知識庫的同時，新建一個日期格式為「YYYY/MM/DD」的日誌條目（例如，在民國96年8月2日時，新建的詞條標題將為「2007/8/2」）。

|| newTiddler ||

開啟知識庫時，同時創建一個新的詞條，並開啟該詞條供您編輯。詞條的標題由接在「newTiddler:」之後的參數來指定。請參閱第3章關於「新增詞條」的說明。

範例：

```
小明的讀書筆記.html#newTiddler:三國演義
```

在瀏覽器的網址列中輸入此URL時，會開啟名稱為「小明的讀書筆記.html」的知識庫，並在進入知識庫的同時，新建一個標題為「三國演義」的詞條。

|| open ||

開啟知識庫時，同時開啟指定詞條，這些詞條的標題以參數的方式列在「open:」之後。注意，「open:」這個啟動參數可以省略。也就是說，直接將詞條標題列在「#」後面的效果和列在「open:」之後的效果完全相同。

範例：

```
小明的讀書筆記.html#open:水滸傳　唐詩
小明的讀書筆記.html#水滸傳　唐詩
```

在瀏覽器的網址列中輸入上列二個URL中的任一者，均會開啟名稱為「小明的讀書筆記.html」的知識庫，並在進入知識庫的同時，將「水滸傳」和「唐詩」這二個詞條加以開啟。

|| start:safe ||

以安全模式來開啟知識庫。詳細說明請參見第9章。

‖ search ‖

開啟知識庫時，順便進行全文檢索，而檢索用的關鍵字詞便是「search:」的參數。

範例：

小明的讀書筆記.html#search:江南

此例將開啟「小明的讀書筆記.html」這個知識庫，並進行「江南」一詞的全文檢索後，把檢索的結果列出來。

‖ tag ‖

開啟知識庫時，同時開啟貼有指定的標籤之詞條，這些標籤以參數的方式列在「tag:」之後。

範例：

小明的讀書筆記.html#tag:文化創意

在瀏覽器的網址列中輸入此URL時，會開啟名稱為「小明的讀書筆記.html」的知識庫，並在進入知識庫的同時，將貼有「文化創意」這個標籤的詞條加以開啟。

▶. 知識庫的全文檢索

全文檢索是TiddlyWiki相當強的功能，它讓您可以針對整份知識庫的內容直接進行檢索。方法是到畫面右上方的「search」功能項目下方的方格中鍵入您要檢索的關鍵字詞即可。在您鍵入的過程中，TiddlyWiki已經開始進行檢索的動作，並將含有指定關鍵字詞的詞條都顯示在中間的內容區中，關鍵字詞在各詞條中出現的地方還會用醒目的底色（預設為橘色）加以標出。然而，有時當您修改檢索方格中的關鍵字詞時，標示檢索結果的橘色底色方塊並不見得會馬上更新，

尤其是您鍵盤輸入的動作較快的時候。此時，您可以點選search這個
按鈕來將檢索結果加以全面性的更新。

一個小小的建議：當您的知識庫相當龐大時，建議您先在別處
（例如小作家軟體，或是另一個空詞條中）將您要找的關鍵字打好，
然後再貼至檢索方格中。否則您每輸入一個字元，TiddlyWiki便重新
檢索一次，有時會造成等待的時間。

在TiddlyWiki的基礎選項設定中，有兩個設定是與全文檢索有關
的，特別重複說明如下：

◎RegExpSearch：以JavaScript的「正規敘述式」（Regular
expression）進行較複雜的搜尋方式。預設值為否 厂。要使用
下面所介紹的正規敘述式時，必須先將此設定打勾。

◎CaseSensitiveSearch：在做搜尋時，是否要區分英文字母大小
寫的差異。預設值為否 厂。

除了一般的關鍵字詞之外，TiddlyWiki還提供「正規敘述式」的
搜尋方式。所謂正規敘述式乃是以一個指定的樣式來找出各個與該樣
式對應的資訊。這些樣式將被TiddlyWiki全文檢索機制視為需要特殊
處理的運算式，而非一般的文字。這些樣式和一般的關鍵字詞組成檢
索字串將提供相當強大而具彈性的檢索功能。茲將常用樣式符號說明
如下：

‖\（後斜號）‖

後斜號字元有兩個意義。第一，針對一般被視為屬於普通字詞的
字元，此符號可作為特殊意義符號組合的先行詞，它將與接在後面的
字元整體被視為特殊符號組合處理。這些符號組合請見稍後的介紹。

第二，針對一般被視為特殊意義的字元，此符號則可將其轉為一
般的文字。

範例：

知識庫內容	檢索字串	檢索結果
細草微風岸，危檣獨夜舟。星垂平野闊，月湧大江流。名豈文章著？官應老病休。飄飄何所似，天地一沙鷗。	星號*	細草微風岸，危檣獨夜舟。星垂平野闊，月湧大江流。名豈文章著？官應老病休。飄飄何所似，天地一沙鷗。
在數學或是科學論文中，如使用阿拉伯數字，可能會引起混亂，因此時常使用特殊符號（如星號*或短劍號†）。	星號*	在數學或是科學論文中，如使用阿拉伯數字，可能會引起混亂，因此時常使用特殊符號（星號*如或短劍號†）。

備註：在正規敘述式全文檢索中，星號字元（*）具有特殊的意義，因此，需要在正規敘述式中檢索「*」這個字元時，必須用「*」這個組合。

‖ ^ ‖

本符號對應至段落的開頭。

範例：

知識庫內容	檢索字串	檢索結果
臨江仙‧庭院深深深幾許 李清照 庭院深深深幾許，雲窗霧閣春遲，為誰憔悴損芳姿。夜來清夢好，應是發南枝。玉瘦檀輕無限恨，南樓羌管休吹。濃香吹盡有誰知，暖風遲日也，別到杏花肥。	^庭院	臨江仙‧庭院深深深幾許 李清照 庭院深深深幾許，雲窗霧閣春遲，為誰憔悴損芳姿。夜來清夢好，應是發南枝。玉瘦檀輕無限恨，南樓羌管休吹。濃香吹盡有誰知，暖風遲日也，別到杏花肥。

檔案(F)　編輯(E)　檢視(V)　我的最愛(A)　工具(T)　說明(H)

上一頁　·　　·　×　　　　搜尋　　我的最愛

網址(D)

‖ $ ‖

本符號對應至段落的尾端。

範例：

知識庫內容	檢索字串	檢索結果
鏡湖三百里，菡萏發荷花。五月西施采，人看隘若耶。回舟不待月，歸去越王家。	家。$	鏡湖三百里，菡萏發荷花。五月西施采，人看隘若耶。回舟不待月，歸去越王家。

‖ *（星號）‖

本符號代表前一個字元出現 0 或多次。

範例：

知識庫內容	檢索字串	檢索結果
蝶戀花　歐陽修 庭院深深深幾許？楊柳堆煙，簾幕無重數。玉勒雕鞍游冶處，樓高不見章臺路。雨橫風狂三月暮，門掩黃昏，無計留春住。淚眼問花花不語，亂紅飛過鞦韆去。	深*	蝶戀花　歐陽修 庭院深深深幾許？楊柳堆煙，簾幕無重數。玉勒雕鞍游冶處，樓高不見章臺路。雨橫風狂三月暮，門掩黃昏，無計留春住。淚眼問花花不語，亂紅飛過鞦韆去。
Go go Google!	Go*	Go go Google!
Go go Google!	Go*	Go go Google!

備註：在第二個例子中，我們假設「CaseSensitiveSearch」基本選項設定有打勾。而在第三個例子中則否。

‖ +（加號）‖

本符號代表前一個字元出現 1 或多次（換言之，至少一次）。

範例：

知識庫內容	檢索字串	檢索結果
釵留一股合一扇，釵擘黃金合分鈿。 但教心似金鈿堅，天上人間會相見。 臨別殷勤重寄詞，詞中有誓兩心知。 七月七日長生殿，夜半無人私語時。 在天願作比翼鳥，在地願為連理枝。 天長地久有時盡，此恨綿綿無絕期！	天上+	釵留一股合一扇，釵擘黃金合分鈿。 但教心似金鈿堅，天上人間會相見。 臨別殷勤重寄詞，詞中有誓兩心知。 七月七日長生殿，夜半無人私語時。 在天願作比翼鳥，在地願為連理枝。 天長地久有時盡，此恨綿綿無絕期！

‖ ？（問號）‖

　本符號代表前一個字元出現 0 或 1 次。

範例：

知識庫內容	檢索字串	檢索結果
山山海海山海關，雄關鎮山海； 日日月月日月潭，秀潭映日月。	日?月日?	山山海海山海關，雄關鎮山海； 日日月月日月潭，秀潭映日月。
釵留一股合一扇，釵擘黃金合分鈿。 但教心似金鈿堅，天上人間會相見。	天上?	釵留一股合一扇，釵擘黃金合分鈿。 但教心似金鈿堅，天上人間會相見。

知識庫內容	檢索字串	檢索結果
臨別殷勤重寄詞，詞中有誓兩心知。 七月七日長生殿，夜半無人私語時。 在天願作比翼鳥，在地願為連理枝。 天長地久有時盡，此恨綿綿無絕期！	天上？	臨別殷勤重寄詞，詞中有誓兩心知。 七月七日長生殿，夜半無人私語時。 在**天**願作比翼鳥，在地願為連理枝。 **天**長地久有時盡，此恨綿綿無絕期！

‖ . （小數點）‖

　　除了換列字元之外，所有其他的字元都會與本符號符合。

範例：

知識庫內容	檢索字串	檢索結果
釵留一股合一扇，釵擘黃金合分鈿。 但教心似金鈿堅，天上人間會相見。 臨別殷勤重寄詞，詞中有誓兩心知。 七月七日長生殿，夜半無人私語時。 在天願作比翼鳥，在地願為連理枝。 天長地久有時盡，此恨綿綿無絕期！	.天	釵留一股合一扇，釵擘黃金合分鈿。 但教心似金鈿堅**，天**上人間會相見。 臨別殷勤重寄詞，詞中有誓兩心知。 七月七日長生殿，夜半無人私語時。 **在天**願作比翼鳥，在地願為連理枝。 天長地久有時盡，此恨綿綿無絕期！

‖ x | y ‖

本符號組合對應至x或y，二者中任一者均可。

範例：

知識庫內容	檢索字串	檢索結果
這宋江自在鄆城縣做押司，他刀筆精通，吏道純熟；更兼愛習槍棒，學得武藝多般，平生只好結識江湖上好漢：但有人來投奔他的，若高若低，無有不納，便留在莊士館穀，終日追陪，並無厭倦；若要起身，盡力資助。端的是揮金似土！人問他求錢物，亦不推託；且好做方便，每每排難解紛，只是周全人性命。時常散施棺材藥餌，濟人貧苦，賙人之急，扶人之困。以此，山東，河北聞名，都稱他做及時雨；卻把他比做天上下的及時雨一般，能救萬物。	宋江｜及時雨	這宋江自在鄆城縣做押司，他刀筆精通，吏道純熟；更兼愛習槍棒，學得武藝多般，平生只好結識江湖上好漢：但有人來投奔他的，若高若低，無有不納，便留在莊士館穀，終日追陪，並無厭倦；若要起身，盡力資助。端的是揮金似土！人問他求錢物，亦不推託；且好做方便，每每排難解紛，只是周全人性命。時常散施棺材藥餌，濟人貧苦，賙人之急，扶人之困。以此，山東，河北聞名，都稱他做及時雨；卻把他比做天上下的及時雨一般，能救萬物。

‖ { n } ‖

其中 n 為正整數。本符號組合代表正前方的項目正好重複 n 次。

‖ { n , } ‖

其中 n 為正整數。本符號組合代表正前方的項目至少重複 n 次。

‖ {n,m} ‖

其中 n 與 m 均為正整數。本符號組合代表正前方的項目重複至少 n 次、至多 m 次。

範例：

知識庫內容	檢索字串	檢索結果
尋尋覓覓，冷冷清清，悽悽慘慘戚戚。乍暖還寒時候，最難將息。三杯兩盞淡酒，怎敵他，晚來風急。雁過也，正傷心，卻是舊時相識。 滿地黃花堆積，憔悴損，如今有誰堪摘？守著窗兒獨自，怎生得黑？梧桐更兼細雨，到黃昏，點點滴滴。這次第，怎一個愁字了得！	尋覓{2}	尋尋覓覓，冷冷清清，悽悽慘慘戚戚。乍暖還寒時候，最難將息。三杯兩盞淡酒，怎敵他，晚來風急。雁過也，正傷心，卻是舊時相識。 滿地黃花堆積，憔悴損，如今有誰堪摘？守著窗兒獨自，怎生得黑？梧桐更兼細雨，到黃昏，點點滴滴。這次第，怎一個愁字了得！
山山海海山海關，雄關鎮山海； 日日月月日月潭，秀潭映日月。	日{2}月	山山海海山海關，雄關鎮山海； 日日月月日月潭，秀潭映日月。
山山海海山海關，雄關鎮山海； 日日月月日月潭，秀潭映日月。	山海{1,2}	山山海海山海關，雄關鎮山海； 日日月月日月潭，秀潭映日月。

‖ [xyz] ‖

本符號組合為對應字元組的正面表列，列於方括號中的任意字元均可視為符合此符號組合。除個別字元外，亦可用連字符（-）代表連

續區間。

範例：

知識庫內容	檢索字串	檢索結果
一片兩片三四片，五片六片七八片，九片十片片片飛，飛入蘆花看不見。	[一二三四]	一片兩片三四片，五片六片七八片，九片十片片片飛，飛入蘆花看不見。
一片兩片三四片，五片六片七八片，九片十片片片飛，飛入蘆花看不見。	[一-四]	一片兩片三四片，五片六片七八片，九片十片片片飛，飛入蘆花看不見。
張九齡：感遇四首之一 孤鴻海上來 張九齡：感遇四首之二 蘭葉春葳蕤 張九齡：感遇四首之三 幽人歸獨臥 張九齡：感遇四首之四 江南有丹橘	四首之[一二三四]	張九齡：感遇四首之一 孤鴻海上來 張九齡：感遇四首之二 蘭葉春葳蕤 張九齡：感遇四首之三 幽人歸獨臥 張九齡：感遇四首之四 江南有丹橘

備註：在第二個例子中，您可看出前面談過的中文數字內碼不連續所引發的問題，因此，這是個不適當的用法。

‖ [^xyz] ‖

本符號組合為對應字元組的負面表列，未列在方括號中的任意字元均可視為符合本符號組合。除個別字元外，您亦可用連字符（-）來代表連續區間。注意，僅對詞條標題及詞條內容的第一個段落進行處理。

範例：

知識庫內容	檢索字串	檢索結果
Glory is like a circle in the water, Which never ceaseth to enlarge itself, Till by broad spreading it disperses to naught.	[^aeiou]	Glory is like a circle in the water, Which never ceaseth to enlarge itself, Till by broad spreading it disperses to naught.
一片兩片三四片，五片六片七八片，九片十片片片飛，飛入蘆花看不見。	[^片]	一片兩片三四片，五片六片七八片，九片十片片片飛，飛入蘆花看不見。

‖ \b ‖

本符號組合對應至字詞（word，拉丁語系文字中，以調位字元或是標點符號隔開的連續字元組合）的邊界。請注意，對於字詞邊界的判斷，中文字不適用。

‖ \B ‖

本符號組合對應至字詞的非邊界，與「\b」恰相反。

範例：

知識庫內容	檢索字串	檢索結果
I say to you today, my friends, so even though we face the difficulties of today and tomorrow, I still have a dream. It is a dream deeply rooted in the American dream.	am\b	I say to you today, my friends, so even though we face the difficulties of today and tomorrow, I still have a dream. It is a dream deeply rooted in the American dream.

知識庫內容	檢索字串	檢索結果
I say to you today, my friends, so even though we face the difficulties of today and tomorrow, I still have a dream. It is a dream deeply rooted in the American dream.	am\B	I say to you today, my friends, so even though we face the difficulties of today and tomorrow, I still have a dream. It is a dream deeply rooted in the American dream.

備註：在第二個例子中，我們假設「CaseSensitiveSearch」基本選項
設定有打勾。

‖ \d ‖

本符號組合對應至一個數字字元（0-9）。

‖ \D ‖

本符號組合對應至任意非數字字元，恰與「\d」相反。

範例：

知識庫內容	檢索字串	檢索結果
目前的理論所根據的觀念是物質有兩種基本型態：第一種是普通物質，第二種是暗物質，佔了所有物質總量的85%，特色是其組成粒子不會與輻射作用。	\d%	目前的理論所根據的觀念是物質有兩種基本型態：第一種是普通物質，第二種是暗物質，佔了所有物質總量的85%，特色是其組成粒子不會與輻射作用。
蘇軾（1037-1101）：北宋文學家、書畫家，眉州眉山人。字子瞻，號東坡居士。	\d-\d	蘇軾（1037-1101）：北宋文學家、書畫家，眉州眉山人。字子瞻，號東坡居士。

檔案(F)　編輯(E)　檢視(V)　我的最愛(A)　工具(T)　說明(H)

上一頁 · · · 搜尋　我的最愛

網址(D)

知識庫內容	檢索字串	檢索結果
許多遊戲一直以「永久免費」來做宣傳，但是虛擬道具則需購買。例如，遊戲點數可以兌換遊戲中的10文金幣，而100文金幣才是一兩金幣。越到後面，甚至許多任務都需要用到金幣，比如「移民」便需50兩。	\d\D	許多遊戲一直以「永久免費」來做宣傳，但是虛擬道具則需購買。例如，遊戲點數可以兌換遊戲中的10文金幣，而100文金幣才是一兩金幣。越到後面，甚至許多任務都需要用到金幣，比如「移民」便需50兩。

‖ \f ‖

本符號組合對應至換頁（form feed）字元

‖ \n ‖

本符號組合對應至換列（line feed）字元

‖ \r ‖

本符號組合對應至歸位（carriage return）字元

‖ \s ‖

本符號組合對應至一個調位字元（space character）。所謂「調位字元」包括：空白字元、定位字元、換頁字元、以及換列字元等等，其存在的目的往往只是為了畫面的編排而與內容無關。當您的知識庫是由其他文字檔案轉入時，此一功能特別好用。由於一般文字檔案在輸入時，為了版面的編排效果、顯示區域的限制，甚至是資料庫欄位大小的限制等等因素，往往需要在適當的位置加以換列或是加入空格以便對齊，而這些加入的字元卻可能造成原先在意義上符合我們檢索要求的字詞，在形式上卻因中斷而無法中選之情形發生。善用「\s」符號及「*」符號便可以將這些調位字元加以濾除。但是，請注

意，全形字的空格（「　」）並不算是調位字元，因此必須另作處理。

範例：

知識庫內容		檢索字串	檢索結果	
姓　名	卒　年		姓　名	卒　年
蘇　軾	1112	蘇\s*軾	蘇　軾	1112
歐陽修	1072		歐陽修	1072
姓　名	卒　年		姓　名	卒　年
蘇　軾	1112	蘇　*軾	蘇　軾	1112
歐陽修	1072		歐陽修	1072

備註： 在第一個例子中，「蘇」與「軾」中間是以空格字元進行調整的，屬於調位字元。在第二個例子中，二者間是以一個全形空格隔開，因此必須以全形字元加上星號「蘇　*軾」來檢索。

‖ \S ‖

本符號組合對應至一個調位字元之外的所有其他字元，與「\s」恰相反。

範例：

知識庫內容	檢索字串	檢索結果
天魁星呼保義宋江		天魁星呼保義宋江
天罡星玉麒麟盧俊義		天罡星玉麒麟盧俊義
天機星智多星吳用		天機星智多星吳用
天閒星入雲龍公孫勝		天閒星入雲龍公孫勝
天勇星大刀關勝		天勇星大刀關勝
天雄星豹子頭林沖	天\S星	天雄星豹子頭林沖
天猛星霹靂火秦明		天猛星霹靂火秦明
天威星雙鞭呼延灼		天威星雙鞭呼延灼
天英星小李廣花榮		天英星小李廣花榮
天貴星小旋風柴進		天貴星小旋風柴進

‖ \t ‖

本符號組合對應至定位字元（tab）。

‖ \v ‖

本符號組合對應至垂直定位字元（vertical tab）。

‖ \w ‖

本符號組合對應至英文字母及數字字元（含底線字元）。

‖ \W ‖

本符號組合對應至英文字母及數字字元（含底線字元）以外的所有字元，與「\w」恰相反。

範例：

知識庫內容	檢索字串	檢索結果
國際勞動節由來：1886年5月1日，美國芝加哥(Chicago)約35萬人大規模罷工示威要求改善勞動條件。5月3日警察進行鎮壓，開槍打死2人。5月4日在乾草市場廣場抗議中，不明身份者向警察投擲炸彈，警察開槍，先後共有4位工人、7位警察死亡。在隨後的宣判中又有4位工人被絞死。	\w	國際勞動節由來：1886年5月1日，美國芝加哥(Chicago)約35萬人大規模罷工示威要求改善勞動條件。5月3日警察進行鎮壓，開槍打死2人。5月4日在乾草市場廣場抗議中，不明身份者向警察投擲炸彈，警察開槍，先後共有4位工人、7位警察死亡。在隨後的宣判中又有4位工人被絞死。

Tao or Dao (道, Pinyin: Dào, pronounced "doe" (Cantonese)) is a Chinese character often translated as "Way" or "Path".	\W	Tao or Dao (道, Pinyin: Dào, pronounced "doe" (Cantonese)) is a Chinese character often translated as "Way" or "Path"

|| \xhh ||

本符號組合對應至內碼為hh（h為十六進位數字）的字元。

|| \uhhhh ||

本符號組合對應至內碼為hhhh（h為十六進位數字）的字元。

範例：

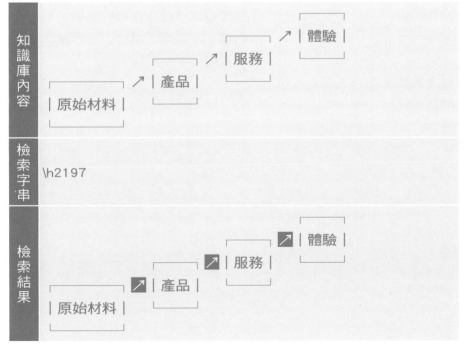

備註：「↗」符號的（Unicode）內碼為u-2197

檔案(F)　編輯(E)　檢視(V)　我的最愛(A)　工具(T)　說明(H)

◎ 上一頁 ▾　◎ ▾ ▣ ② ⚙　🔎 搜尋 ☆ 我的最愛 ◎　◎ ▾ 🖶 ◎ ▾ 🗋 ◎ ▾ 🔍 🔽

網址(D) 📄

▸ 鍵盤的速簡操作法

　　除了用滑鼠在螢幕上點選適當的按鈕之外，TiddlyWiki也提供一些鍵盤的「速簡操作法」以便讓您的操作更快速。事實上，在撰寫文稿時，鍵盤操作要比滑鼠操作省時省力得多。下面是這些速簡操作法的簡單列表，在相關功能的介紹時，我們會做進一步的提醒。

使用場合	按鍵組合	功能
TiddlyWiki 的一般操作	Alt+N然後Enter	新增空白詞條
	Alt+J然後Enter	新增日誌條目
	Alt+F	搜尋
	Alt+S然後Enter	儲存變更
詞條編輯	Ctrl+Enter	完成編輯，離開編輯模式
	Shift+Ctrl+Enter	完成微幅編輯，離開編輯模式
	Tab 或 Shift+Tab	讓編輯游標在「詞條標題」、「詞條內容」、以及「標籤」三者間切換
	Esc	放棄編輯，離開編輯模式
輸入檢索之關鍵字詞	Esc	清除已輸入的內容

檔案(F)　編輯(E)　檢視(V)　我的最愛(A)　工具(T)　說明(H)

上一頁　　　　　　　搜尋　　我的最愛

網址(D)

詞條的編輯

初步了解TiddlyWiki的基本操作之後，現在可以開始建立自己的知識庫了。萬丈高樓平地起，知識庫的內容是由一個個詞條所累積起來的。因此，本章將介紹詞條的編輯，包括新增、內容編輯、刪除、以及列印。

TiddlyWiki的文字編輯功能相當的陽春，畢竟它的設計本來就不是作為文書處理軟體用的，拿它來與文書處理軟體相比，意義並不大。因此，對於較大規模的編輯工作，建議另於其他文書處理軟體進行。Word、小作家或是記事本均可，只是這些軟體都有自己的檔案格式，編輯結果須另存為純文字檔（.TXT檔）或是用剪貼方式搬進知識庫的適當詞條中。另外，免費軟體的EditPad Lite（下載網址：http://download.jgsoft.com/editpad/SetupEditPadLite.exe）以及PSPad（下載網址：http://www.snapfiles.com/dlnow/rdir.dll?id=106469）則是兩個不錯的文字編輯工具。

▶. 新增詞條

　　新增詞條有兩種作法，一種是新增空白的詞條，另一種則是由其他詞條中建立關鍵字連結來自動衍生新詞條。

‖ 新增空白詞條 ‖

　　點選主功能表中的「new tiddler」項目，將出現如下的畫面以供您新增一項新的詞條。畫面中央內容區中的三個編輯框由上而下分別讓您編寫詞條標題、詞條內容、以及詞條標籤。此時預設的詞條標題為「New Tiddler」，詞條內容為「Type the text for 'New Tiddler'」，詞條標籤為空白。這些均只是提示用的文字，您必須將它們換成真正的內容。

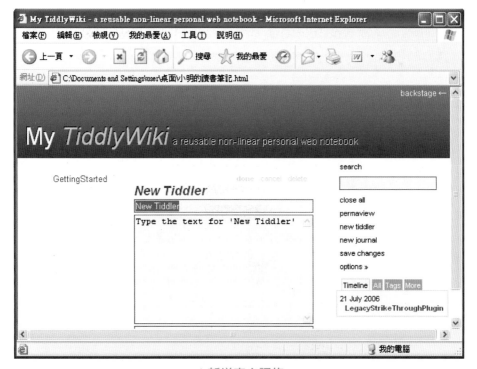

▲新增空白詞條

新增空白詞條的功能也可用Alt+N來加以啟動。

‖原有字詞衍生為新詞條‖

另一種新增詞條的方式是，在原有的詞條中，將希望衍生成新獨立詞條的字詞拼寫成「維基字詞」（適用於英文字），或是用 [[及]] 加以標示括出（任何字元均可），該字詞內容便會成為新獨立詞條的標題，而標示的字詞便是連結至該詞條的超文本連結（Hyper text link）。如果該詞條已經存在，則這個字詞會顯示為粗體字；若該詞條尚未存在，則會顯示為斜體字。點選標示的詞條連結，便會開啟已經存在的詞條或是開啟前示的空白詞條以供您新增其內容。

範例：

如果在詞條內容區輸入：

> 目前提供[[維基技術]]的軟體相當的多，本書將以TiddlyWiki作為介紹對象。

完成編輯時，該詞條將顯示為：

目前提供*維基技術*的軟體相當的多，本書將以*TiddlyWiki*作為介紹對象。

由顯示方式可以看出，「維基技術」與「TiddlyWiki」二者均將建立為新的詞條，而且此二詞條的內容均尚未建立。只要點選其中任何一者，便可以叫出該詞條的內容。例如，點選「維基技術」：

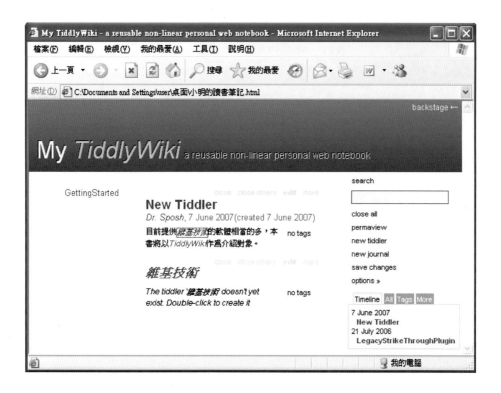

▶ 新增日誌條目

　　進行日記寫作或是網路日誌時，所編寫的詞條並不見得需要每日取一個標題，反而是以寫作的日期為標題較為適當。您可以在TiddlyWiki主功能表中點選「new journal」項目，便可以建立一個自動以當時日期為標題的新詞條。對於喜歡以電腦作為日誌平台的人，這是一個相當不錯的功能。

　　除了標題自動填入當時的日期外，日誌條目和其他詞條完全相同，因此，您可以編輯其內容、標籤、甚至標題。

　　新增空白日誌條目的功能也可用Alt+J來加以啟動。

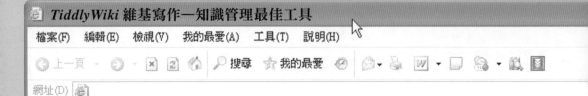

檔案(F)　編輯(E)　檢視(V)　我的最愛(A)　工具(T)　說明(H)

上一頁　・　　・　×　②　　搜尋　我的最愛　　・　・　W　・　□　・　

網址(D)

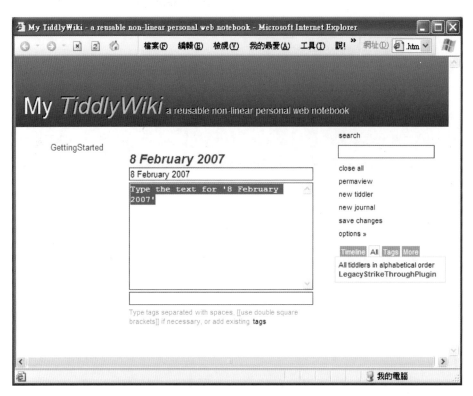

▲新增日誌條目

▲. 開啟已存在之詞條

　　要開啟已經存在的詞條以供編輯的可能方法有幾種。最簡單的是點選任何詞條中顯示為藍色粗體字的詞條標題連結（已有詞條內容）或是顯示為藍色斜體字的詞條標題連結（只有詞條標題而無詞條內容）以開啟該詞條。

　　另一種方式則是到詞條總管中尋找所要編輯的詞條。如果您知道該詞條最近進行編輯的日期，可以到Timeline書籤下的列表中去找；如果您知道該詞條所貼附的標籤，則可到Tags書籤下的標籤列表中去找；而如果您只知道該詞條標題，那您還是可以到All書籤下的列表中尋找。不論在哪一個列表中尋找，找到了之後，點選其標題連結即

可。

▶. 瀏覽詞條

　　在TiddlyWiki畫面中，您可以點選開啟任意多個詞條。尚未建立內容的詞條也會開啟，只是其內容一律為「The tiddler'詞條標題' doesn't yet exist. Double-click to create it.」而已。當您將滑鼠游標移動至畫面中央內容區中任意一個開啟的詞條上時，在該詞條的上方便會出現一列「編輯功能表」，對於該詞條的編輯便是由此開始。

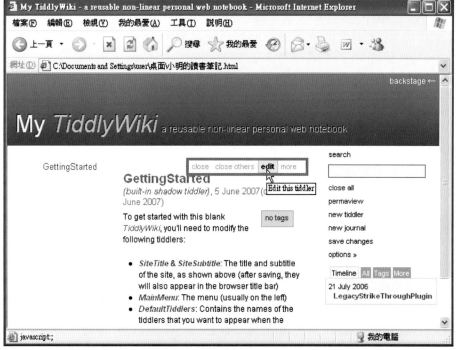

▲滑鼠游標移動至詞條上時，該詞條的編輯功能表便會顯示出來

　　詞條編輯功能表的各個項目說明如下：

◎close：關閉此詞條。瀏覽完一個詞條之後，可以關閉它，以空出版面。

◎close others：關閉其他詞條，僅保留此詞條為開啟。

◎edit：進入「編輯模式」，進行詞條內容編輯。

◎more：為了讓畫面較精簡，一些比較少用的指令會收藏起來而未列出。點選more這個指令的功用便是將這些指令全部列出。換言之，點選more之後，以下的指令才會出現。

◎fields：將此詞條的擴充欄位加以顯示出來。本書暫不予詳細介紹，原因請參見第9章最後一節。

◎syncing：控制本詞條和外界檔案的同步工作。本書暫不予詳細介紹，原因請參見第9章最後一節。

◎permalink：一般稱為「靜態連結」，其動作是在瀏覽器的「網址」列顯示出本詞條的連結位址（URL）。要從本知識庫之外直接連結至本詞條時，就需要用到這個位址。對於跨知識庫的連結，此功能相當的有用。例如，要從甲知識庫的A詞條連結乙知識庫的B詞條時，先開啟乙知識庫的B詞條，點選B詞條的permalink項目，然後將瀏覽器的「網址」列內容存起，再回到甲知識庫的A詞條中運用第8章所介紹的方法進行連結即可。

◎references：以突現式清單列出所有連結到本詞條的其他詞條標題，也就是有參考到本詞條的所有詞條清單。您可以點選這個清單內的項目以將它開啟，檢視本詞條被引用的情形。當您需要對一個詞條進行大幅更動，甚至要將它刪除時，最好先回溯檢視一下這些參考詞條的引用情形。

◎jump：切換至另一個已經開啟的詞條。點選此指令時，目前已經開啟的詞條的標題將會以突現式清單列出供您點選。當一個詞條的內容較長，或是同時開啟的詞條數量較多時，本功能讓您不必在畫面上「東翻西找」。

點選edit功能項目進入「編輯模式」時，該詞條便會將其標題、內容、以及標籤分別顯示在三個編輯框中，您可以點選各個編輯框進入編輯。

▶. 編輯詞條

下圖所示的是一個詞條的編輯畫面，點選詞條功能表的edit項目便可以進入「編輯模式」，在這個範例中，我們輸入：

◎詞條標題為：「維基百科」（這個詞條是以新增空白詞條方式產生，且是第一次編輯尚未經過儲存，因此詞條標題上方的舊標題「New Tiddler」尚存在）。

◎詞條內容為：「維基百科……（略）」。

◎詞條標籤為：「基礎知識」。

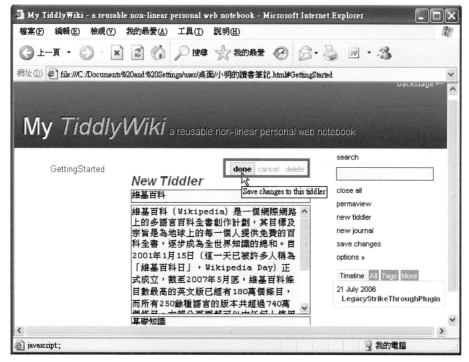

▲詞條編輯畫面

詞條內容編輯框一次僅能顯示該詞條的一部份，而此顯示範圍的大小可經由「進階選項設定」的「Maximum number of lines in a tiddler edit box」項目來加以設定（詳細請參見第2章「選項設定」一

節的說明）。但是，該設定僅指定詞條編輯框一次能顯示的「最大」
列數。換言之，在不同的畫面組合中，TiddlyWiki幫你開啟的詞條編
輯框大小可能有所不同。因此，需要時，您可先將詞條的編輯模式關
閉，捲動內容區的顯示效果使您要編輯的詞條標題移到最上端，然後
再點選其功能表的edit項目便可得到最大的編輯框大小。

　　詞條進入編輯模式時，詞條標題上方的功能表也會變成如上圖所
示的「詞條編輯模式功能表」。各功能表項目說明如下：

◎done：完成詞條編輯，離開編輯模式。

◎cancel：放棄編輯結果，恢復原先進入編輯前的內容。

◎delete：刪除本詞條。本指令會帶出下示的視窗訊息來詢問您是
　　否真的要刪除本詞條。這個提示動作可以由「進階選項設定」
　　中加以關閉，不過，除非您要針對知識庫進行大規模的刪減，
　　而且當時確實思慮清晰不會錯刪，否則建議您還是慎重為之，
　　刪除的詞條無法直接救回。如果錯殺了，只要不做存檔動作，
　　原來檔案中的內容便還留著。如果已經存過檔了，唯一的辦法
　　是到備份檔中去找回來。

‖ 捲動文件 ‖

　　詞條內容編輯框一次僅能顯示詞條的一部份，因此我們可能必須
控制顯示的部份以便編輯，此一動作稱為瀏覽。此外，進行編輯時，
我們也必須使用方向鍵、捲動軸或是滑鼠來移動插入點。使用滑鼠指
定插入點時，只需在您要的地方按下滑鼠左鍵即可。若善加運用鍵盤
上的按鍵，則可對編輯工作有相當的幫助。各方向鍵及其組合之功能
整理如下表所示：

方向鍵組合	游標移動功能
←	左移一個字元
→	右移一個字元
↑	上移一列
↓	下移一列
Ctrl + ←	移至前一個字詞
Ctrl + →	移至下一個字詞
Ctrl + ↑	移至上一個段落
Ctrl + ↓	移至下一個段落
Home	移至該列左端
End	移至該列右端
Ctrl + Home	移至詞條首
Ctrl + End	移至詞條尾
Pg Up	上捲一個編輯框大小
Pg Dn	下捲一個編輯框大小
Ctrl + Pg Up	移至編輯框首
Ctrl + Pg Dn	移至編輯框尾

▶. 輸入文字

　　TiddlyWiki詞條內容的編輯就像是最原始的文字編輯，能使用的工具並不多。因此，除非小規模的修改，否則建議您用其他文書處理軟體做完編輯後再剪貼進來。

　　進行編輯時，編輯區內會有一個閃動的垂直線游標，此游標稱為「插入點」，輸入的所有文字都由此點進入文件中。

　　輸入文字時，如同其他文書處理軟體一般，直接進行輸入即可，不需要在每一列後面按下Enter鍵，更不要用Enter鍵來自己做排版，TiddlyWiki會自動依畫面的寬度進行文字列寬度的調整。只有在一個段落結束，要起一個新段落，或是要插入空白列時，才需按下Enter鍵。按下Backspace鍵來刪除插入點左方的字元，按下Delete鍵則可刪

除插入點右方的字元或是已選取的文字（參見下面的說明）。對於編輯動作感到後悔時，按下**Ctrl+Z**則可以復原最近一次的編輯動作。重複按下**Ctrl+Z**可以逐一復原前幾次的編輯動作，直到沒有可復原的編輯動作紀錄為止。

‖ 段落與
符號 ‖

特別提醒的是，輸入文字時，每次按下**Enter**鍵，便代表結束一個「段落」，而段落在TiddlyWiki中是一個相當重要的單位，有許多編排指令均是以段落為單位的。這一點在後面談到編排指令時便可體會到。如果同一個段落的文字在編排上需要製造出換列的效果，可以用
標示來插入一個換列動作，而仍維持同一個段落的結構。

要將一個段落分成數個段落，只要將滑鼠游標移至要進行分開的位置上，點一下滑鼠鍵以便將插入點移至該處，然後按下**Enter**鍵即可。若要將兩個段落合併，請到該兩個段落中的後者最前端按下**Backspace**鍵以將段落分節點刪除。

‖ 選取文字 ‖

進行文字編輯之前，您需先選定所要處理的對象範圍。這些對象可能是一個字元、一個字詞、一個段落、甚至是整份文件。進行文字選取的第一種方法是將滑鼠拖曳過想要選取的文字即可。而利用鍵盤輔助進行選取則有不同的按鍵組合。茲將操作方式整理如下表：

選取範圍	操作方式
一個字詞	滑鼠在字元上快按兩下
一列文字	滑鼠在該列文字最左方點一下
一個句子	按住Ctrl，然後滑鼠在句子中任何一處按一下
一個段落	滑鼠在該段落最左方快按兩下
一個區域	在區域起點按一下滑鼠鍵，按住Shift鍵，再到區域結束點按一下滑鼠鍵
整份文件	Ctrl + A

▶. 覆寫／剪下／複製／貼上文字

選取了文字之後，如果直接進行文字輸入的話，原先被選取的文字便會被新輸入的文字所取代，此動作即是「覆寫」（Overwrite）。

物件（文字）的剪下／複製／以及貼上等編輯邏輯已是視窗環境的標準模式，在TiddlyWiki當然也可以使用。簡單說明這三個編輯動作如下：

◎剪下（Cut）：將選取的文字拷貝一份到剪貼簿之後，將原來的文字刪除。

◎複製（Copy）：將選取的文字拷貝一份到剪貼簿，而不將原來的文字刪除。

◎貼上（Paste）：將剪貼簿中的文字拷貝插入到插入點所在的位置。

在選取要處理的文字之後，在該選取的文字上面按下滑鼠右鍵，便可以叫出突現式功能表，剪下／複製／以及貼上等編輯指令會列在其中，點選其中的項目即可執行。請注意，這些編輯動作可以是跨欄位（詞條標題、內容、標籤）、跨詞條（可在不同詞條間作上述的編輯動作）、甚至跨軟體的（例如，可將Word的編輯內容複製後再到TiddlyWiki詞條中貼上）。這三個指令也可以直接由按鍵組合來進行，如下表：

編輯動作	按鍵組合
剪下	Ctrl+X
複製	Ctrl+C
貼上	Ctrl+V

▶. 拖曳式編輯

對於文字的搬移（剪下後到新位置貼上）和複製（複製後到新位置貼上）這二個動作由於使用頻繁，可以直接由滑鼠拖曳來完成。

‖ 搬移 ‖

先選取要處理的文字，然後將滑鼠指向選取區，按住滑鼠左鍵，將該選取區內容拖曳至目的地放開滑鼠鍵即可。注意，原來位置的文字會被刪除。

‖ 複製 ‖

先選取要處理的文字，然後將滑鼠指向選取區，按住滑鼠左鍵，將該選取區內容拖曳至目的地，接著按下Ctrl鍵，然後再放開滑鼠鍵即可。

▶. 加入標籤

資料要能有效的利用，最重要的是在收集之後須加以分類與整理。貼標籤（Tag）是一種最簡單有效的分類方法。TiddlyWiki便容許我們對各個詞條進行貼標籤的工作。

要替詞條加上標籤，可以在進入編輯模式後，點選編輯區最下方的「tags」，然後由列出的當時已存在的標籤清單選取來加上；或是直接在標籤列輸入標籤名稱亦可。若您輸入的標籤名稱尚未存在時，您便已經建立一個新的標籤名稱。

標籤本身也可以是一個詞條，而這個詞條又可以貼上其他的標籤，因此，標籤便可以形成「階層式的標籤」架構。

TiddlyWiki容許我們對詞條貼上一個以上的標籤，只要在標籤與標籤之間加上空格隔開即可。如果標籤本身包含空格的話，則需在該標籤整個前後加上兩層中括弧包起來。例如，［［My Pets］］。

範例：

對於一個全新的TiddlyWiki知識庫而言，標籤清單中將僅有一個系統原有的「systemConfig」特殊標籤。因此，此時點選「tags」便會看到如下的清單：

Type tags separated with spaces, [[use double square brackets]] if necessary, or add existing tags

systemConfig

範例：

在前述編輯「維基百科」詞條時，如果它是整份知識庫的第一個詞條的話，它將在知識庫中加入第二個標籤「基礎知識」。完成編輯之後的畫面如下：

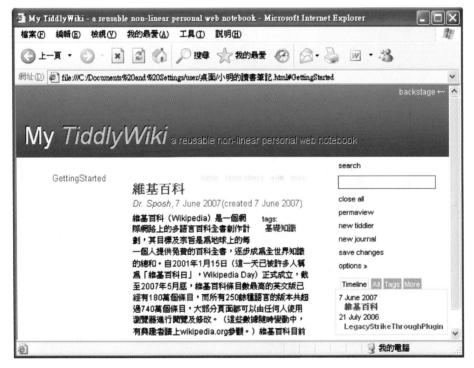

▲新增第一個詞條完成

請注意，詞條編輯完成後，該詞條的標籤將會以灰底的標籤形式貼在詞條內容的右上方，同時，如果有新增標籤，該新增的標籤頁也會列在右下方的詞條總管的Tags書籤的列表項目之中。例如，前一例的標籤清單將會加入新的標籤「基礎知識」如下：

Timeline All **Tags** More

systemConfig (1)
基礎知識 (1)

　　用滑鼠點選一個標籤名稱時，會出現一個突現式列表，其中列出了所有已經貼上這個標籤的詞條。您可以選擇開啟其中任何一個詞條，或將它們一次全部開啟（「Open all」選項），也可以將標籤內容當作一個詞條開啟（「Open tag '標籤名稱'」選項）。

範例：

　　點選詞條總管的Tags項目中，新加入的標籤「基礎知識」，得到突現式清單如下：

‖ 特殊標籤 ‖

　　標籤除了前述用來作為詞條的分類整理之用外，TiddlyWiki還定義了幾個具有系統功用的特殊標籤。

◎excludeSearch：貼上這個標籤的詞條將不會出現在全文檢索的結果裡，可以用來隱藏那些不想讓人找到的詞條，或是與知識庫運用無關的詞條。例如，與系統同時跟過來的LegacyStrikeThroughPlugin詞條、系統開始使用後會因設定而出現在詞條總管中的GettingStarted, DefaultTiddlers, SiteTitle, SiteSubtitle等詞條。另外像貼有systemConfig標籤的自訂巨集內容均為

程式碼，對其內容進行全文檢索意義並不大，也是將其貼上exclude Search標籤的好對象。

◎systemConfig：貼上這個標籤的詞條內容為JavaScript程式碼，用途則為自訂巨集（有關巨集的相關說明，請參見第9章）。

◎systemTiddler：貼上這個標籤的詞條內容都具有特殊用途，像知識庫主標題的SiteTitle、知識庫副標題的SiteSubtitle、左側主選單的MainMenu、首頁預設詞條的DefaultTiddlers等。當您在「進階選項設定」裡將SaveEmptyTemplate選項設定為 ☑ 時，每次save changes指令都會同時建立一個空的樣板檔案 empty.html，原詞條中貼有systemTiddler標籤的詞條將是唯一會複製到這個空樣板檔案去的詞條。

◎excludeLists：貼上這個標籤的詞條將不會出現在詞條總管的詞條清單中。一般而言，系統產生的（例如，LegacyStrikeThroughPlugin, GettingStarted, DefaultTiddlers, SiteTitle, SiteSubtitle等詞條，貼有systemConfig的詞條）和已經處理完畢僅是留供參考的詞條，建議貼上此一標籤，以免詞條總管內容太多而不易尋找。

◎excludeMissing：一般而言，當您的詞條中有用到詞條連結時，TiddlyWiki便會自動檢查這些連結所對應到的詞條是否已經存在，如果不存在的話，這些連結便會被列入詞條總管的「More - Missing」清單之中。如果你的詞條因為某個原因不想進行這一項檢查的話，您可以將該詞條貼上此一標籤。當您的詞條是由其他地方匯入，因此包含了許多不存在於您的知識庫中的連結時，使用此一標籤可以避免將您的「More - Missing」清單撐成意義不大的一長串，反而淹沒了應該注意的詞條。

▶. 刪除與復原

在詞條編輯模式中，點選詞條編輯模式功能表的「delete」項目將可刪除編輯中的詞條。詞條一旦刪除之後，並沒有辦法將其搶救復原

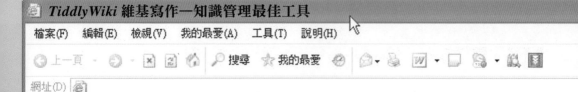
回來，這與詞條內容編輯可以按下Ctrl+Z來進行復原完全不同，因此詞條的刪除必須慎重小心。

文件列印與格式設定

由於TiddlyWiki是在瀏覽器之下執行，因此，TiddlyWiki文件的列印以及相關的列印格式設定均是透過瀏覽器來完成。大部分的文書處理軟體都有另外提供「版面設定」的功能，TiddlyWiki的定位並沒有提供此類的功能，以免造成軟體虛胖。但是一般版面設定中最重要的，不外乎像是頁面大小、頁面邊界、紙張方向、紙張來源、頁首／頁尾設定、加註頁碼、加註日期等等，均可以在此完成。因此，並不會有太多的缺憾。

‖ 詞條列印 ‖

要進行TiddlyWiki文件列印時，要先將要印出的詞條加以點選以開啟其內容，然後再點選瀏覽器功能表「檔案」下的「列印...」項目即

▲設定為個別框架列印

可。唯一需要提醒的是，在TiddlyWiki畫面中，左側的詞條目錄以及右側的主功能表和詞條清單這些項目可能我們並不想要跟著印出來，而只是要列印中間的詞條內容。此時您需要先在「列印」對話盒中點選「選項」書籤，接著將「列印框架」方塊中的選項點選為「所有個別的框架」。然後再點選「一般」書籤回到正常的列印程序即可。

‖ 設定列印格式 ‖

所謂列印格式包括紙張的運用、頁首／頁尾的設定、加註頁碼等一般文件列印所需的功能。這些設定瀏覽器均集中在功能表「檔案」下的「設定列印格式...」項目中。點選該項目後，便可叫出如下所示的設定畫面：

▲設定列印格式

茲說明「設定列印格式」各項設定如下：

◎「紙張」方塊：選擇要用的紙張大小及這種紙張在印表機上是放在哪一個紙匣（一般而言，如果是自己的印表機，這個方塊

內容很少需要去動它）。

◎「方向」方塊：選擇紙張要「直向」或「橫向」運用以列印頁面，一般的習慣是「直印」（左右較窄，上下較寬）。

◎「邊界」方塊：以英吋in（或公釐mm，依系統設定而定）為單位輸入上下左右四個頁面邊界大小，TiddlyWiki會將四周依此邊界設定留白後，在邊界內進行輸出資訊的編排。請注意，左右邊界大小與裝訂有關，而上下邊界則與頁首／頁尾有關，設定時須加以列入考慮。

◎「頁首」和「頁尾」方塊：分別輸入文件的頁首和頁尾，頁首與頁尾將出現在每一頁列印出的文件中。在此輸入的文字中，可以使用下列變數以插入特殊的資訊。請注意，預設的情形下，您在此輸入的文字是以靠左方式編排的。要靠右或是置中編排，您必須用下表提供的適當符號加以標示。

用　　　　途	輸入
視窗標題，亦即：「知識庫標題 – 知識庫副標題」	&w
網址(URL)	&u
簡短日期樣式(例如：2007/3/30)	&d
完整的日期樣式(例如：2007年3月30日)	&D
預設時間樣式(例如：下午 01:12:30)	&t
24小時的時間樣式(例如：下午 13:12:30)	&T
目前的頁碼	&p
總頁數	&P
&b後面的文字靠右對齊	&b
夾在&b&b之間的文字置中對齊	&b&b
「&」這個符號	&&

範例：

在預設知識庫中，若將「設定列印格式」設定如下：

則將來列印出的頁首將為（畫面右端刪節）：

My Tiddly Wiki - a reusable non-linear personal web notebook

而頁尾則為（畫面右端刪節）：

列印日期：2007/5/28　　　　　　　　　　【第1頁，共3頁】

‖ 選擇列印項目 ‖

在預設的情形下，列印TiddlyWiki文件時，除了已開啟的詞條之外，最前方還會多了兩頁「報表頭」，第一頁為空白頁，第二頁則僅列印了知識庫標題及副標題。當然，當您的印表機是多人共用時，此種安排對於列印報表的認領是相當有幫助的，但是在大部分情況下我

們可能會覺得沒有這個必要。要將這兩頁加以清除不印出時，需要進行文件列印內容的設定。設定方法如下。

　　首先至「詞條總管」中，「More」書籤下的「Shadowed」書籤的詞條清單中，點選StyleSheetPrint來將此詞條開啟。

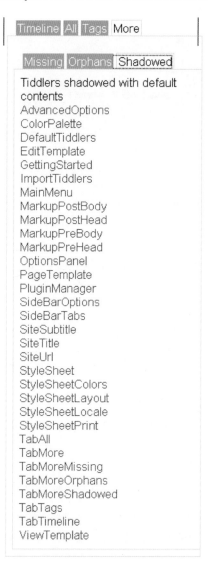

```
@media print {
#mainMenu, #sidebar, #messageArea, .toolbar {display:
none ! important; }
#displayArea {margin: 1em 1em 0em 1em; }
/* Fixes a feature in Firefox 1.5.0.2 where print
preview displays the noscript content */
noscript {display:none; }
}
```

在第二列的左大括號「{」之前加入「, .header」，使得第二列
變成：

```
#mainMenu, #sidebar, #messageArea, .toolbar, .header
{display: none ! important; }
```

即可。接著點選詞條編輯功能表的「close」項目結束編輯工作，我
們已經完成設定了。再試著列印一次，您會發現現在只有開啟在中央
內容區的詞條會被印出，原先的報表頭已經不再出現了。點選「save
changes」進行編輯成果存檔時，這項設定也會被存起。要恢復原來的
設定時，只要將前述加入的內容刪除恢復原樣即可。

文字的格式化。

　　要讓文件一目瞭然，必須考量各種文字格式的編輯，並在重要的文字或是段落上加上不一樣的效果。本章的重點便是文字格式的各種標示功能。如同Windows的其他軟體一般，各詞條的內容可以在不同文件之間進行搬移及複製。不過對於文字格式的處理是因軟體而異的，因此，當您直接由開啟的詞條內容選擇文字加以複製到其他軟體時，這些文字格式可能依然存在；但是，如果進入詞條編輯模式進行標示字串的複製時，這些標示字串到了其他軟體中將僅是一個普通的字串而已。

　　本章所述的文字格式化，精準的說，應該叫詞條內容的文字格式化。也就是說，這些格式化功能都是針對詞條內容的文字進行的，對於詞條標題或是標籤並無效果。

▶. 文字樣式編輯

　　文字編輯中最常見的是文字樣式（或叫字體）的變化，像是加粗、畫底線等等。要進行一段文字樣式的編輯，您只需以指定的符號加註於該段文字前後即可。TiddlyWiki提供的字體變化功能整理如下表：

要求效果	標示符號	輸出範例	字串標示方式
粗體字	''	**文字**	''文字''
畫底線	__	文字	__文字__
斜體字	//	*文字*	//文字//
刪除線	--	文字	--文字--
上標文字	^^	$e2^{\pi i}=1$	e2^^ πi^^ = 1
下標文字	~~	$a_{ij}=-a_{ji}$	a~~ij~~ = - a~~ji~~

　　請注意，粗體字的標示符號是二個單引號字元（'）而非一個雙引號（"）。

　　請注意，這些文字格式標示符號都是成對出現的，在配對的另一組符號出現之前，格式設定的要求是持續有效的。而且每一組符號的二個字元之間不可以有其他的符號出現（包括空格），否則便會失去標示的功能而成為一般的符號字元。因此，如果您發現詞條的顯示方式不正確時，原因大多是文字格式標示符號漏掉了。

範例（論文引用格式）：

> "IGDA SIG Academia" (2003)，//IGDA curriculum framework：The study of games and game development//，IGDA，Version 2.3 beta，February 25，2003.
>
> "施保旭"，「視覺化遊戲開發工具的價值」，//數位內容新世紀//，No.23，頁30-31，2006年6月。

IGDA SIG Academia (2003), *IGDA curriculum framework: The study of games and game development*, IGDA, Version 2.3 beta, February 25, 2003.

施保旭，「視覺化遊戲開發工具的價值」，*數位內容新世紀*，No.23，頁30-31，2006年6月。

範例（數學式）：

```
E=mc^^2^^
//E//=//m//c^^2^^
```

$$E=mc^2$$
$$E=mc^2$$

▶. 加入漸層底色

TiddlyWiki可以在指定的文字範圍內加入水平或垂直的漸層底色。這項處理完全由HTML指令產生，不需用到任何影像資料，因此相當快速也不會加大檔案內容。本巨集指令的作用範圍由其指令的結束端（第一個「>>」符號）開始，至第二個「>>」符號出現為止。（注意，一個「<<」將會搭配二個「>>」。）格式如下：

```
<<gradient 方向參數 指定顏色>>加入漸層的文字段落>>
```

◎方向參數：漸層變化的方向，可以是vert（垂直）或是hori（水平）；

◎指定顏色：二個以上的顏色值（可使用CSS RGB(r,g,b)的格式，亦即，#RGB 或 #RRGGBB），本指令將依序以這些顏色進行漸層的展現。

範例：

```
|<<gradient hori #fff #f00>>紅底漸層的文字>>
|<<gradient vert #fff #0f0>>綠底漸層的文字>>
|<<gradient hori #00f #fff>>藍底漸層的文字>>|
```

紅底漸層的文字　綠底漸層的文字　藍底漸層的文字

亦可加入夾列CSS定義以加大變化效果。

範例：

```
<<gradient vert #800 #080
#008>>color:#fff;font-size:12pt;顯眼文字>>
```

顯眼文字

其中「color:#fff;font-size:12pt;」設定了「顯眼文字」這段文字的顏色以及字體大小。

▶. 醒目提示文字

在TiddlyWiki中，您可以將文件中的重點文字加以標出，這種醒目提示的方式就好像您在書上用螢光筆畫重點一般。當您要標示一些需要特別注意的字眼時，使用醒目提示功能相當的方便。要標示一段重點文字，只要在該段文字前後加上「@@」標示即可。

‖ 格式 ‖

```
@@被強調的文字@@
```

範例：

> !計畫書徵求通告
> 1.說明會：11/15 10:00-12:00 行政院國家科學委員會科技大樓2樓會議室
> 2."計畫書申請"：自徵求通告日起至民國95年@@12月31日@@（日）。
> 3."計畫書簡報、審查與通知"：民國95年@@12月18~31日@@。

計畫書徵求通告

1. 說明會：11/15 10:00-12:00 行政院國家科學委員會科技大樓2樓會議室
2. **計畫書申請**：自徵求通告日起至民國95年12月31日（日）。
3. **計畫書簡報、審查與通知**：民國95年12月18~31日。

　　如果您要以自己的方式來定義所謂的「強調效果」的話，可以運用CSS的語法來進行。下面是一個簡單的例子，您還可以參考CSS的技術資料做更多的變化：

‖ 格式（僅設定文字顏色）‖

> @@color：文字顏色；被強調的文字@@

◎文字顏色：「被強調的文字」所顯示之顏色。

‖格式（設定背景顏色及文字顏色）‖

@@background-color：背景顏色；color：文字顏色；被強調的文字@@

◎背景顏色：「被強調的文字」區域之背景顏色；

◎文字顏色：「被強調的文字」所顯示之顏色。

範例：

!計畫書徵求通告

 1.說明會：@@background-color:#888;color:#ff0;11/15 10:00-12:00@@ 行政院國家科學委員會科技大樓2樓會議室

 2."計畫書申請"：自徵求通告日起至民國95年@@color:#f00;12月31日@@（日）。

 3."計畫書簡報、審查與通知"：民國95年@@color：#f00;12月18~31日@@。

計畫書徵求通告

1. 說明會：`11/15 10:00-12:00` 行政院國家科學委員會科技大樓2樓會議室

2. **計畫書申請**：自徵求通告日起至民國95年12月31日（日）。

3. **計畫書簡報、審查與通知**：民國95年12月18~31日。

▶ 插入日期及時間

　　TiddlyWiki可以幫您將當時的日期和時間加入到文件之中。例如，對於需要進行定期更新的文件，如果能在文件尾端加入一個當時的日期與時間的話，閱讀的人便可以判斷各個版本間的新舊。而在重要時程清單之前，如果能同時顯示出當時的日期的話，這個清單也將會更具提醒的功效。

檔案(F)　編輯(E)　檢視(V)　我的最愛(A)　工具(T)　說明(H)

上一頁　·　　·　　　　　搜尋　　我的最愛　　　　　·　　　·　　·　　·

網址(D)

　　<<today>>巨集指令會在每次詞條重新顯示時，換成當時的日期與時間。其格式如下：

```
<<today "顯示格式字串">>
```

◎**顯示格式字串**：定義日期與時間的顯示格式，由您輸入的字串加註下列定義的符號所組成，可以準確的控制日期或時間資料中所要加以顯示出來的不同欄位組合。

日期與時間的顯示格式不僅適用於today巨集指令，亦可適用在需要指定這些格式的地方，尤其是許多的巨集指令。各符號定義如下：

◎DDD：星期全名（例如，星期一為「Monday」）。

◎ddd：星期簡名（例如，星期一為「Mon」）。

◎DD：日（例如，三月八日為「8」）。

◎0DD：日，一位數時前方會補一個0（例如，三月八日為「08」）。

◎DDth：日（序數，例如，三月八日為「8th」）。

◎WW：該週在全年中的順序（例如，2007年元旦為該年的第一週，故為「1」）。

◎0WW：該週在全年的順序，一位數時前方會補一個0（例如，2007年元旦為該年的第一週，故為「01」）。

◎MMM：月份的全名（例如，七月為「July」）。

◎mmm：月份的簡名（例如，七月為「Jul」）。

◎MM：月份編號（例如，七月為「7」）。

◎0MM：月份編號，一位數時前方會補一個0（例如，七月為「07」）。

◎YYYY：四位數的西元年（例如，民國96年為「2007」）。

◎YY：二位數的西元年（例如，民國96年為「07」）。

◎hh：小時。

◎0hh：小時，一位數時前方會補一個0。

◎hh12：小時（十二小時制）。

◎0hh12：小時（十二小時制），一位數時前方會補一個0。

◎mm：分。

◎0mm：分，一位數時前方會補一個0。

◎ss：秒。

◎0ss：秒，一位數時前方會補一個0。

◎am或pm：根據當時為上午或下午而加註「am」或「pm」。

◎AM或PM：根據當時為上午或下午而加註「AM」或「PM」。

範例：

現在時間為：<<today>>
今天日期為：<<today "YYYY/MM/DD">>
簡單時間格式：<<today "hh:mm">>
本週為公元<<today "YYYY">>年的第<<today "WW">>週

現在時間為：2007年3月15日 上午 10:38:39
今天日期為：2007/3/15
簡單時間格式：10:38
本週為公元2007年的第11週

▸. 格式字元的取消

正如同我們在第一章就提到的，TiddlyWiki將一些字元組合運用為字元格式的標示之用。在下一章中我們還會看到，段落的格式編輯也是運用類似的作法。儘管這些字元組合在正常的文章中用到的機會不高，但總有可能需要用到的時候。此時，便需要將這些格式標示字元的標示功能加以去除。巨集指令的情形也相同。我們稱為對這些標示字元進行「去維基化」。

一般英文訊息所使用的字體大多是屬於調合字，其中每個字元的寬度都不一定相等。例如說字母i就比字母w窄。而所謂固定字寬的字

體乃是指每個字元的寬度都一樣的字體，一般用於表示程式碼或是終端機的顯示。因此，在表示機器輸出的結果時，我們習慣使用固定字寬的字體。

要達到前述的兩個要求很簡單，只要在這些字詞的前後加上三個大括弧（開始為「{{{」，結尾為「}}}」）即可。夾在一組三個大括號所括起範圍內的字元將失去維基格式標示或是巨集指令的功能，而成為單純的字詞，該段字詞也將顯示成固定字寬的字體。

如果進一步用分別單獨成為一行的三個左大括弧和右大括弧將文字段落括起來，則其中的文字跟段落均會有縮排並以醒目編排的樣式處理。

‖ 格式 ‖

```
{{{
取消格式化功能的文字
}}}
```

範例（創意符號編排）：

```
{{{
  (\,,/)
  /O_O |
\/  '''
}}}
```

```
        (\,,/)
        /O_O |
    \/    '''
```

範例（程式碼）：

```
!x部
*{{{x}}}：物件的x座標。
----
範例：讓物件向螢幕中心移動：
{{{
{
 if (x<200) {x += 4;
 }else {x -= 4;
 };
}
}}}
----
*{{{xprevious}}}：物件的前一個x座標。
*{{{xstart}}}：物件在場景裏的初始x座標。
```

x部

- x：物件的x座標。

範例：讓物件向螢幕中心移動：

```
{
  if (x<200){x += 4;
  }else{x -= 4;
  };
}
```

- xprevious：物件的前一個x座標。
- xstart：物件在場景裏的初始x座標。

請注意，在此範例中，我們針對字詞進行去維基化（例如，{{{x}}}），同時也針對段落進行去維基化，請注意比較二者的效果之不同。

「{{{」和「}}}」除了達成「去維基化」效果之外，還會造成特殊的編排效果，對於程式碼或是機器輸出效果的呈現可能相當的有用，但是，如果我們要的只是要取消TiddlyWiki對於文字的任何編排效果而要以一般的文字呈現時，也就是徹底的去維基化時，此一作法便不合所需。針對此一需求，另一種一般化的取消格式化功能的標記為<nowiki>與</nowiki>標記。在此二標記間的所有文字將以一般性的內文處理，而不加任何效果。

‖ 格式 ‖

```
<nowiki>完全一般化的文字</nowiki>
```

範例：

```
<nowiki><<today>></nowiki>巨集指令會在每次詞條重新顯示
時，換成當時的日期與時間。例如，現在時間為：<<today>>
```

<<today>>巨集指令會在每次詞條重新顯示時，換成當時的日期與時間。例如，現在時間為：2007年3月23日 下午11:44:36

▶. 插入特殊字元

所謂「特殊字元」乃是指一般大多數鍵盤都沒有按鍵可供直接輸入，而必須用另外的方法來進行輸入的字元。例如，常見的版權符號（©）、註冊商標符號（®）、省略符號（…）等等。

此外，由於TiddlyWiki是以一些符號字元作為格式標示之用，因

此，當這些符號需要恢復其原先的表示意義時，便需要特殊的處理，以免引起格式的錯誤。前一節所介紹的「去維基化」方法固然可以使標示符號的功能失效而恢復為一般符號，但它同時也需要加註特殊的不同格式。如果我們只是要當一般的字元使用，而不想給予特殊編排考量時便需要另外的方法。

　　HTML提供了三種方式以輸入一些無法或是不便直接用鍵盤輸入的特殊字元。第一種格式為以一個「&」符號開頭，接著一個「代號字串」，然後以分號作為結束。第二種則為以一個「&」符號開頭，接著一個十進位的數字（其實便是該字元的內碼），然後以分號作為結束。第三種與第二種相同，只是改用十六進位數字，而且十六進位的數字要以「#」作為開頭以資識別。

　　這些特殊的字元可分為三大類，在此分別以表擇要列出如下（完整列表請參見http://www.htmlhelp.com/reference/html40/entities/）：

‖ 拉丁-1 (ISO-8859-1)字元組 ‖

字　　　元	代號	十進位	十六進位	顯示結果
不可斷開的空白				
顛倒的驚嘆號	&iexcl;	&#161;	&#xA1;	¡
「分」符號	&cent;	&#162;	&#xA2;	¢
英鎊符號	&pound;	&#163;	&#xA3;	£
貨幣符號	&curren;	&#164;	&#xA4;	¤
日圓符號；人民幣符號	&yen;	&#165;	&#xA5;	¥
兩段式的直槓	&brvbar;	&#166;	&#xA6;	¦
章節符號	&sect;	&#167;	&#xA7;	§
分音符號	&uml;	&#168;	&#xA8;	¨
版權符號	&copy;	&#169;	&#xA9;	©
陰性序數標示	&ordf;	&#170;	&#xAA;	ª
左書名號	&laquo;	&#171;	&#xAB;	«

檔案(F)　編輯(E)　檢視(V)　我的最愛(A)　工具(T)　說明(H)

上一頁　·　　　·　　　　　搜尋　我的最愛

網址(D)

字　　元	代號	十進位	十六進位	顯示結果
「否」符號	&not;	&#172;	&#xAC;	¬
註冊商標符號	&reg;	&#174;	&#xAE;	®
長音符號	&macr;	&#175;	&#xAF;	¯
「度」符號	&deg;	&#176;	&#xB0;	°
加減符號；正負符號	&plusmn;	&#177;	&#xB1;	±
平方	&sup2;	&#178;	&#xB2;	²
立方	&sup3;	&#179;	&#xB3;	³
重音符號	&acute;	&#180;	&#xB4;	´
「微」符號	&micro;	&#181;	&#xB5;	µ
段落符號	&para;	&#182;	&#xB6;	¶
中級圓點	&middot;	&#183;	&#xB7;	·
尾形符號	&cedil;	&#184;	&#xB8;	¸
一次方	&sup1;	&#185;	&#xB9;	¹
陽性序數標示	&ordm;	&#186;	&#xBA;	º
右書名號	&raquo;	&#187;	&#xBB;	»
四分之一	&frac14;	&#188;	&#xBC;	¼
二分之一	&frac12;	&#189;	&#xBD;	½
四分之三	&frac34;	&#190;	&#xBE;	¾
倒問號	&iquest;	&#191;	&#xBF;	¿
拉丁大寫字母連字AE	&AElig;	&#198;	&#xC6;	Æ
拉丁大寫字母ETH	&ETH;	&#208;	&#xD0;	Ð
乘號	&times;	&#215;	&#xD7;	×
拉丁大寫字母THORN	&THORN;	&#222;	&#xDE;	Þ
拉丁小寫字母連字ae	&aelig;	&#230;	&#xE6;	æ
拉丁小寫字母eth	&eth;	&#240;	&#xF0;	ð
除號	&divide;	&#247;	&#xF7;	÷
拉丁小寫字母thorn	&thorn;	&#254;	&#xFE;	þ

‖ 拉丁字母加註重音符號 ‖

　　加註各種重音符號的拉丁字母可以藉由「基礎字元」結合「重音表示式」來加以代表，其「代號字串」便是將「基礎字元」代入「重音表示式」中的「_」字元而成。例如，「À」這個字元的「代號字串」為「À」，這個符號乃是由基礎字元「A」結合重音表示式「&_grave;」來完成，方式是將「A」代入「&_grave;」中的「_」字元中便成為「À」。同理，「Á」這個符號的表示式便是基礎字元「A」代入重音表示式「&_acute;」中的「_」字元而成「Á」。其餘字母請參閱下表。

加註符號	重音表示式	基礎字元														
		A	a	E	e	I	i	O	o	U	u	N	n	Y	y	C	c
重音	&_acute;	Á	á	É	é	Í	í	Ó	ó	Ú	ú			Ý	ý		
次重音	&_grave;	À	à	È	è	Ì	ì	Ò	ò	Ù	ù						
抑揚音	&_circ;	Â	â	Ê	ê	Î	î	Ô	ô	Û	û						
分音	&_uml;	Ä	ä	Ë	ë	Ï	ï	Ö	ö	Ü	ü			Ÿ	ÿ		
鄂化音	&_tilde;	Ã	ã					Õ	õ			Ñ	ñ				
ring	&_ring;	Å	å														
斜線	&_slash;							Ø	ø								
尾形符	&_cedil;															Ç	ç

‖ 符號與希臘字母字元組 ‖

字　　元	代號輸入	十進位	十六進位	顯示結果
函數	&fnof;	&#402;	&#x192;	ƒ
希臘大寫字母alpha	&Alpha;	&#913;	&#x391;	Α
希臘大寫字母beta	&Beta;	&#914;	&#x392;	Β
希臘大寫字母gamma	&Gamma;	&#915;	&#x393;	Γ
希臘大寫字母delta	&Delta;	&#916;	&#x394;	Δ
希臘大寫字母epsilon	&Epsilon;	&#917;	&#x395;	Ε

字　　元	代號輸入	十進位	十六進位	顯示結果
希臘大寫字母zeta	&Zeta;	&#918;	&#x396;	Ζ
希臘大寫字母eta	&Eta;	&#919;	&#x397;	Η
希臘大寫字母theta	&Theta;	&#920;	&#x398;	Θ
希臘大寫字母iota	&Iota;	&#921;	&#x399;	Ι
希臘大寫字母kappa	&Kappa;	&#922;	&#x39A;	Κ
希臘大寫字母lambda	&Lambda;	&#923;	&#x39B;	Λ
希臘大寫字母mu	&Mu;	&#924;	&#x39C;	Μ
希臘大寫字母nu	&Nu;	&#925;	&#x39D;	Ν
希臘大寫字母xi	&Xi;	&#926;	&#x39E;	Ξ
希臘大寫字母omicron	&Omicron;	&#927;	&#x39F;	Ο
希臘大寫字母pi	&Pi;	&#928;	&#x3A0;	Π
希臘大寫字母rho	&Rho;	&#929;	&#x3A1;	Ρ
希臘大寫字母sigma	&Sigma;	&#931;	&#x3A3;	Σ
希臘大寫字母tau	&Tau;	&#932;	&#x3A4;	Τ
希臘大寫字母upsilon	&Upsilon;	&#933;	&#x3A5;	Υ
希臘大寫字母phi	&Phi;	&#934;	&#x3A6;	Φ
希臘大寫字母chi	&Chi;	&#935;	&#x3A7;	Χ
希臘大寫字母psi	&Psi;	&#936;	&#x3A8;	Ψ
希臘大寫字母omega	&Omega;	&#937;	&#x3A9;	Ω
希臘小寫字母alpha	&alpha;	&#945;	&#x3B1;	α
希臘小寫字母beta	&beta;	&#946;	&#x3B2;	β
希臘小寫字母gamma	&gamma;	&#947;	&#x3B3;	γ
希臘小寫字母delta	&delta;	&#948;	&#x3B4;	δ
希臘小寫字母epsilon	&epsilon;	&#949;	&#x3B5;	ε
希臘小寫字母zeta	&zeta;	&#950;	&#x3B6;	ζ
希臘小寫字母eta	&eta;	&#951;	&#x3B7;	η
希臘小寫字母theta	&theta;	&#952;	&#x3B8;	θ
希臘小寫字母iota	&iota;	&#953;	&#x3B9;	ι

字　　元	代號輸入	十進位	十六進位	顯示結果
希臘小寫字母kappa	&kappa;	&#954;	&#x3BA;	κ
希臘小寫字母lambda	&lambda;	&#955;	&#x3BB;	λ
希臘小寫字母mu	&mu;	&#956;	&#x3BC;	μ
希臘小寫字母nu	&nu;	&#957;	&#x3BD;	ν
希臘小寫字母xi	&xi;	&#958;	&#x3BE;	ξ
希臘小寫字母omicron	&omicron;	&#959;	&#x3BF;	ο
希臘小寫字母pi	&pi;	&#960;	&#x3C0;	π
希臘小寫字母rho	&rho;	&#961;	&#x3C1;	ρ
希臘小寫字母final sigma	&sigmaf;	&#962;	&#x3C2;	ς
希臘小寫字母sigma	&sigma;	&#963;	&#x3C3;	σ
希臘小寫字母tau	&tau;	&#964;	&#x3C4;	τ
希臘小寫字母upsilon	&upsilon;	&#965;	&#x3C5;	υ
希臘小寫字母phi	&phi;	&#966;	&#x3C6;	φ
希臘小寫字母chi	&chi;	&#967;	&#x3C7;	χ
希臘小寫字母psi	&psi;	&#968;	&#x3C8;	ψ
希臘小寫字母omega	&omega;	&#969;	&#x3C9;	ω
希臘小寫字母theta符號	&thetasym;	&#977;	&#x3D1;	ϑ
希臘upsilon標上hook符號	&upsih;	&#978;	&#x3D2;	ϒ
希臘pi符號	&piv;	&#982;	&#x3D6;	ϖ
圓點	&bull;	&#8226;	&#x2022;	•
水平節略號	&hellip;	&#8230;	&#x2026;	…
撇；分鐘；英呎	&prime;	&#8242;	&#x2032;	′
兩撇；秒鐘；英吋	&Prime;	&#8243;	&#x2033;	″
頂上線	&oline;	&#8254;	&#x203E;	‾
斜線	&frasl;	&#8260;	&#x2044;	⁄
冪集	&weierp;	&#8472;	&#x2118;	℘
虛數部分符號	&image;	&#8465;	&#x2111;	ℑ

字　　元	代號輸入	十進位	十六進位	顯示結果
實數部份符號	&real;	&#8476;	&#x211C;	ℜ
商標符號	&trade;	&#8482;	&#x2122;	™
alef 符號	&alefsym;	&#8501;	&#x2135;	ℵ
向左箭號	&larr;	&#8592;	&#x2190;	←
向上箭號	&uarr;	&#8593;	&#x2191;	↑
向右箭號	&rarr;	&#8594;	&#x2192;	→
向下箭號	&darr;	&#8595;	&#x2193;	↓
左右箭號	&harr;	&#8596;	&#x2194;	↔
向左轉的向下箭號；歸位符號	&crarr;	&#8629;	&#x21B5;	↵
向左雙線箭號	&lArr;	&#8656;	&#x21D0;	⇐
向上雙線箭號	&uArr;	&#8657;	&#x21D1;	⇑
向右雙線箭號	&rArr;	&#8658;	&#x21D2;	⇒
向下雙線箭號	&dArr;	&#8659;	&#x21D3;	⇓
左右雙線箭號	&hArr;	&#8660;	&#x21D4;	↔
對所有的	&forall;	&#8704;	&#x2200;	∀
偏微分	&part;	&#8706;	&#x2202;	∂
存在	&exist;	&#8707;	&#x2203;	∃
空集合；直徑	&empty;	&#8709;	&#x2205;	∅
差分	&nabla;	&#8711;	&#x2207;	∇
屬於	&isin;	&#8712;	&#x2208;	∈
不屬於	&notin;	&#8713;	&#x2209;	∉
包含	&ni;	&#8715;	&#x220B;	∋
連乘符號	&prod;	&#8719;	&#x220F;	∏
連加符號	&sum;	&#8721;	&#x2211;	Σ
減號	&minus;	&#8722;	&#x2212;	-
星號	&lowast;	&#8727;	&#x2217;	∗
平方根；開根號	&radic;	&#8730;	&#x221A;	√

字　　元	代號輸入	十進位	十六進位	顯示結果
成比例	&prop;	&#8733;	&#x221D;	∝
無限大	&infin;	&#8734;	&#x221E;	∞
角度	&ang;	&#8736;	&#x2220;	∠
邏輯的「且」	&and;	&#8743;	&#x2227;	∧
邏輯的「或」	&or;	&#8744;	&#x2228;	∨
交集	&cap;	&#8745;	&#x2229;	∩
聯集	&cup;	&#8746;	&#x222A;	∪
積分	&int;	&#8747;	&#x222B;	∫
所以	&there4;	&#8756;	&#x2234;	∴
近似於	&sim;	&#8764;	&#x223C;	~
約等於	&cong;	&#8773;	&#x2245;	≅
幾乎等於	&asymp;	&#8776;	&#x2248;	≈
不等於	&ne;	&#8800;	&#x2260;	≠
完全等於	&equiv;	&#8801;	&#x2261;	≡
小於或等於	&le;	&#8804;	&#x2264;	≤
大於或等於	&ge;	&#8805;	&#x2265;	≥
包含於	&sub;	&#8834;	&#x2282;	⊂
包含	&sup;	&#8835;	&#x2283;	⊃
不包含於	&nsub;	&#8836;	&#x2284;	⊄
包含於或等於	&sube;	&#8838;	&#x2286;	⊆
包含或等於	&supe;	&#8839;	&#x2287;	⊇
直接加總	&oplus;	&#8853;	&#x2295;	⊕
向量乘積	&otimes;	&#8855;	&#x2297;	⊗
垂直	&perp;	&#8869;	&#x22A5;	⊥
點運算子	&sdot;	&#8901;	&#x22C5;	·
左上限	&lceil;	&#8968;	&#x2308;	⌈
右上限	&rceil;	&#8969;	&#x2309;	⌉
左底限	&lfloor;	&#8970;	&#x230A;	⌊

檔案(F)　編輯(E)　檢視(V)　我的最愛(A)　工具(T)　說明(H)

上一頁　　　　　　　　搜尋　　我的最愛

網址(D)

字　　元	代號輸入	十進位	十六進位	顯示結果
右底限	&rfloor;	&#8971;	&#x230B;	⌋
菱形	&loz;	&#9674;	&#x25CA;	◇
黑桃	&spades;	&#9824;	&#x2660;	♠
梅花	&clubs;	&#9827;	&#x2663;	♣
紅桃	&hearts;	&#9829;	&#x2665;	♥
磚塊	&diams;	&#9830;	&#x2666;	♦

‖ 特殊符號組 ‖

字元	代號輸入	十進位	十六進位	顯示結果
引號	&quot;	&#34;	&#x22;	"
「且」符號	&amp;	&#38;	&#x26;	&
小於符號	&lt;	&#60;	&#x3C;	<
大於符號	&gt;	&#62;	&#x3E;	>
拉丁大寫連字OE	&OElig;	&#338;	&#x152;	Œ
拉丁小寫連字oe	&oelig;	&#339;	&#x153;	œ
拉丁大寫字母S標上短音符號	&Scaron;	&#352;	&#x160;	Š
拉丁小寫字母s標上短音符號	&scaron;	&#353;	&#x161;	š
抑揚音符號	&circ;	&#710;	&#x2C6;	^
顎化音符號	&tilde;	&#732;	&#x2DC;	~
n大小的破折號	&ndash;	&#8211;	&#x2013;	–
m大小的破折號	&mdash;	&#8212;	&#x2014;	—
左單引號	&lsquo;	&#8216;	&#x2018;	'
右單引號	&rsquo;	&#8217;	&#x2019;	'
低位單引號	&sbquo;	&#8218;	&#x201A;	‚
左雙引號	&ldquo;	&#8220;	&#x201C;	"
右雙引號	&rdquo;	&#8221;	&#x201D;	"
低位雙引號	&bdquo;	&#8222;	&#x201E;	„

字元	代號輸入	十進位	十六進位	顯示結果
短劍號	†	†	†	†
雙短劍號	‡	‡	‡	‡
千分號	‰	‰	‰	‰
左角括號	‹	‹	‹	‹
右角括號	›	›	›	›
歐元符號	€	€	€	€

範例：

```
e &asymp; 2.718
e^^i&alpha;^^ = cos &alpha; + i sin &alpha;
e^^i//&alpha;//^^ = cos //&alpha;// + i sin //&alpha;//
e^^i&pi;^^ = -1
```

$$e \approx 2.718$$
$$e^{i\alpha} = \cos \alpha + i \sin \alpha$$
$$e^{i\alpha} = \cos \alpha + i \sin \alpha$$
$$e^{i\pi} = -1$$

▸ 非維基字詞

　　第一章裡談到，符合「維基字詞」要求的英文字詞便會被Tiddly Wiki當作維基詞條的連結點處理，不論該字詞出現幾次，各個出現點均會被視為維基連結，因此，往往容易造成滿篇的詞條連結，反而不易看出真正的連結點所在。為了版面的乾淨，我們需要移除不必要的維基字詞連結。

　　有一些英文字，從外表來看完全符合維基字詞之要求。然而，在我們所欲建立的知識體系中，卻不見得希望對它做進一步的拓展。換言之，在我們的知識體系中，它只是一個一般性的字詞而已。此時便希望能加以標示，讓TiddlyWiki不要把它當維基字詞處理。

檔案(F)　編輯(E)　檢視(V)　我的最愛(A)　工具(T)　說明(H)

上一頁　　　　搜尋　我的最愛

網址(D)

不論是何原因，只要在一個字詞之前加入一個毛毛蟲字元「~」，便可以讓系統不要將它當作維基字詞處理。

範例：

> ~JavaScript是一個相當不錯的語言，但不是我們討論的重點。我們要用的是ActionScript。

> JavaScript是一個相當不錯的語言，但不是我們討論的重點。我們要用的是*ActionScript*。

▶. 加入隱藏式註解

對於仍在編輯中，內容尚未成熟的詞條，我們可以先將部分內容隱藏起來。經過隱藏的內容，除非進入編輯模式，否則無法由詞條的瀏覽而發現它的存在。

在資訊的編輯整理中，有些內容是純供自己參考或是提醒用的，並不需要顯示在詞條內容中。這些資訊也可以加以隱藏起來。

而對於許多表格設計來說，針對一些欄位的填寫說明，我們也不希望佔掉詞條顯示的空間，只要在進入該詞條的編輯模式進行資料欄位填寫時看得到這些提示即可。

隱藏資訊的方法是在該段資訊前面加上「/%」標示，而於尾端加上「%/」標示。被隱藏的資訊將不會隨著詞條的開啟而被顯示出來，必須進到編輯模式才會看得到。

‖ 格式 ‖

> /% 隱藏的訊息 %/

範例：

> 根據研究報告/%正式發表前須查出資料來源，並加以列入參考文獻%/顯示，睡午覺可以降低心臟病發作的機率。

　　　　根據研究報告顯示，睡午覺可以降低心臟病發作的機率。

範例：

> 正走之間，只見前面有五十來株大樹叢雜，時值新秋，葉兒正紅。李逵來到樹林邊廂，只見轉過一條大漢，喝道：「是會的留下買路錢，免得奪了包裹！」李逵看那人時，戴一頂紅絹抓角/*註：上髟下角*/兒頭巾，穿一領麤布衲襖，手裏拿著兩把板斧，把黑墨搽在臉上。

正走之間，只見前面有五十來株大樹叢雜，時值新秋，葉兒正紅。李逵來到樹林邊廂，只見轉過一條大漢，喝道：「是會的留下買路錢，免得奪了包裹！」李逵看那人時，戴一頂紅絹抓角兒頭巾，穿一領麤布衲襖，手裏拿著兩把板斧，把黑墨搽在臉上。

插入HTML語法

　　使用過網站所提供的架站功能或是部落格編輯功能的人都有一個經驗，不管網站宣稱所提供的功能已經有多強，我們還是喜歡用一些HTML指令來做自己專有的小調整。對於TiddlyWiki的要求也是一樣。因此，TiddlyWiki讓您可以直接在詞條裡面使用HTML的語法。有了HTML語法的支援之後，就能做一些原本維基語法所做不到的事。

　　要加入ＨＴＭＬ語言，只要在加入的ＨＴＭＬ指令前後加上<HTML> 和 </HTML> 標示即可。

範例：

<HTML><marquee>繳水電費！！</HTML>

　　此範例運用HTML的跑馬燈指令<marquee>，因此，執行結果將使「繳水電費！！」這個訊息由詞條內容顯示區右方出現而行至左方離開，周而復始。

繳水電費！！

段落的格式化。

段落是組成文章的主要單元，輸入的文字必須經過適當的段落編排才能綱舉目張，利於閱讀。在第2章我們曾討論過，當您按下Enter鍵時，便會形成一個段落。而本章的重點，則是關於各個段落的編排。最佳的段落編排方式應該是作者只需關切各段落的開始與結束、不同段落間的邏輯架構關係等等，而不需去關切這些段落的實質編排效果。這些考量，TiddlyWiki提供的簡便功能便足夠幫忙處理了。

另外一個在本章介紹的是TiddlyWiki所提供的幾個巨集功能。巨集功能將系統一些瑣碎的實施細節包裝起來，而提供給使用者一個簡單的介面。本章將介紹TiddlyWiki所提供的幾個常用巨集指令。此外，巨集指令也是擴充TiddlyWiki功能的一個相當好的工具，但這項擴充功能牽涉到一些程式設計的議題，因此我們放到第9章再來討論。

▶. 段落的編排

　　TiddlyWiki對於段落的編排，除了表格儲存格內的段落可以調整靠左、靠右、或是置中排列之外，其他地方的段落均是靠左編排的。若有置中的需求時，需用HTML的標示來達成。換言之：

‖ 格式 ‖

<HTML><CENTER>置中編排的段落</CENTER></HTML>

範例：

!<HTML><CENTER>水滸自序</CENTER></HTML>

//施耐庵//

　　人生三十而未娶，不應更娶；四十而未仕，不應更仕；五十不應在家；六十不應出游。何以言之？用違其時，事易盡也。

<HTML><CENTER>水滸自序</CENTER></HTML>

施耐庵

　　人生三十而未娶，不應更娶；四十而未仕，不應更仕；五十不應在家；六十不應出游。何以言之？用違其時，事易盡也。

▶. 段落標題的形成

　　文章內容需要區分架構，正如書有章、節、段之分一般。在Word中，我們可以使用樣式「標題1」、「標題2」、……等方式來區分出

文章的段落架構。類似於此，在TiddlyWiki中，我們只要在段落之前加註「!」字元，便可以標示該段落為「標題1」等級；加註「!!」則表示為「標題2」等級；……，以此類推。標示為不同等級的段落將自動以不同的型式顯示。

對於熟悉HTML的人可以發現，TiddlyWiki的標題標示，其實是對應到HTML裡的 <H1> 到 <H5> 標示。

‖ 格式 ‖

```
!等級一之標題
!!等級二之標題
!!!等級三之標題
!!!!等級四之標題
!!!!!等級五之標題
```

其顯示效果如下：

等級一之標題

等級二之標題

等級三之標題

等級四之標題

等級五之標題

範例：

!參數字典
!!x部
*{{{x}}}：物件的x座標。
*{{{xprevious}}}：物件的前一個x座標。
*{{{xstart}}}：物件在場景裏的初始x座標。
!!y部
*{{{y}}}：物件的y座標。
*{{{yprevious}}}：物件的前一個y座標。
*{{{ystart}}}物件在場景裏的初始y座標。

參數字典

x部

- x：物件的x座標。
- xprevious：物件的前一個x座標。
- xstart：物件在場景裏的初始x座標。

y部

- y：物件的y座標。
- yprevious：物件的前一個y座標。
- ystart物件在場景裏的初始y座標。

▶. 自動水平分隔線

　　以往為了輸入一條分隔線，我們往往必須一直按住減號（－）鍵，直到接近我們需要的寬度為止。當輸入的減號超出所需寬度時，又得按Backspace來刪除多出來的字元，十分麻煩。

　　在TiddlyWiki中，要畫出跨頁的水平線變得十分簡單，只需鍵入

連續（中間不可有空格）四個減號即可。換言之，只要在一行中單獨加入符號「----」，便可以在該處加入一個水平線而將該詞條分為二部份。請注意，這條水平線是會隨著視窗大小自動調整而橫貫整個內容頁面的。

‖ 格式 ‖

```
----
```

範例：

```
這是詞條的上半部
----
這是詞條的下半部
```

這是詞條的上半部

這是詞條的下半部

範例：

```
----
@@background-color:#f00;color:#fff;【原文】@@
床前明月光，...
----
@@background-color:#00f;color:#fff;【翻譯】@@
皎潔的月光，...
----
```

【原文】
床前明月光，...

【弈羽譯】
皎潔的月光，...

▶. 自動項目符號清單

　　進行清單列表或是構思規劃架構時，常見的作法是用黑點（「‧」）或是星號（「*」）來列出一條條的大綱或是細目。此時，我們思考的是各個大綱之間的先後順序以及階層關係。於腦中浮現而寫下的順序與思考後認定的順序有所差異時，便須加以搬移。而不同的階層則要用不同的符號加以區隔。在TiddlyWiki中，當您進行一系列的清單輸入時，系統會自動幫您加上項目符號。如果清單項目有所增減或是移動時，系統也會自動幫您進行調整。您要做的是以星號的個數來區隔不同的階層關係即可。換言之，其格式如下：

‖ 格式 ‖

```
*層級一之項目
**層級二之項目
***層級三之項目
****層級四之項目
*****層級五之項目
```

　　其顯示之效果為：

- 層級一之項目
  - 層級二之項目
    - 層級三之項目
      - 層級四之項目
        - 層級五之項目

範例：

```
唐宋八大家：
*唐人：
**韓愈
**柳宗元
*宋人：
**歐陽修
**曾鞏
**王安石
**三蘇：
***蘇洵
***蘇軾
***蘇轍
```

唐宋八大家：

- 唐人：
  - 韓愈
  - 柳宗元
- 宋人：
  - 歐陽修
  - 曾鞏
  - 王安石
  - 三蘇：
    - 蘇洵
    - 蘇軾
    - 蘇轍

▶. 自動項目編號清單

　　對於項目次序不重要或是可能進行變更時，採取項目符號固然相當方便。但是，若要進行討論溝通時，可能不如在各項目前面加上一個編號來得方便。但是當項目次序有所變更或是項目個數有所增減時，後續的調整便很麻煩。

　　在TiddlyWiki中，當您進行一系列的清單輸入時，系統可以自動幫您加上項目編號。如果清單項目有所增減或是移動時，系統也會自動幫您進行調整，重新編號。您要關心的仍然只是各項目間的先後順序以及層級關係而已。

　　使用項目編號的方法和前述的項目符號一樣，只是現在改用「#」這個符號而已。換言之，其格式如下：

　　‖ 格式 ‖

```
#層級一之項目
##層級二之項目
###層級三之項目
####層級四之項目
#####層級五之項目
```

　　其顯示效果為：

　　　　　　1. 層級一之項目
　　　　　　　　a. 層級二之項目
　　　　　　　　　　i. 層級三之項目
　　　　　　　　　　　　1. 層級四之項目
　　　　　　　　　　　　　　a. 層級五之項目

　　　　請注意，不論是項目符號或是項目編號，各個符號的有效範圍是以一個段落為單位的。尤其在項目編號處理中，一旦項目編號的段落間有夾雜非項目編號的段落時，編號的數字便會重新起算。

範例：

```
!《我的超級備忘錄》讀書筆記
#養成事事紀錄的習慣，想到什麼就記下來。
#凡是有可能影響工作的事項，最好隨手記下來。
#待辦事項清單是備忘錄的基本要項。
#沒營養的會議可用來觀察與會者。
#無聊的演講可用來檢討原因。
#一份備忘錄加上幾份情報，便可成為企劃書。
#一邊讀書，一邊筆記。
#筆記之後要有效運用：
##審視
##作記號
##分類
##整理
#紀錄喜歡之店，加上個人評價
#每月重審備忘錄，省去浪費的時間
#失敗紀錄，克服自己的缺點與弱點
#數位相機的妙用：
##可超越文字記錄
##比手抄強
##事後的整理
```

《我的超級備忘錄》讀書筆記

1. 養成事事紀錄的習慣，想到什麼就記下來。
2. 凡是有可能影響工作的事項，最好隨手記下來。
3. 待辦事項清單是備忘錄的基本要項。
4. 沒營養的會議可用來觀察與會者。
5. 無聊的演講可用來檢討原因。
6. 一份備忘錄加上幾份情報，便可成為企劃書。
7. 一邊讀書，一邊筆記。
8. 筆記之後要有效運用：
    a. 審視
    b. 作記號
    c. 分類
    d. 整理
9. 紀錄喜歡之店，加上個人評價
10. 每月重審備忘錄，省去浪費的時間
11. 失敗紀錄，克服自己的缺點與弱點
12. 數位相機的妙用：
    a. 可超越文字記錄
    b. 比手抄強
    c. 事後的整理

範例（不當的段落）：

> 英語諺語：
> #Every dog has his day.
> #Early to bed and early to rise makes a man
> healthy, wealthy, and wise.
> #Keep something for a rainy day.

檔案(F)　編輯(E)　檢視(V)　我的最愛(A)　工具(T)　說明(H)

上一頁 · · · 搜尋 我的最愛

網址(D)

英語諺語：

1. Every dog has his day.
2. Early to bed and early to rise makes a man

healthy, wealthy, and wise.

1. Keep something for a rainy day.

　　關鍵在man與healthy之間，我們按下了Enter想要進行編排而造成一個新的段落，修改如下便可。

英語諺語：
#Every dog has his day.
#Early to bed and early to rise makes a man healthy, wealthy, and wise.
#Keep something for a rainy day.

英語諺語：

1. Every dog has his day.
2. Early to bed and early to rise makes a man healthy, wealthy, and wise.
3. Keep something for a rainy day.

　　如果一個項目中需要分成兩段的話，可以用
標記來達成顯示換列效果而資料本身段落不中斷之要求。

範例：

英語諺語：

#Every dog has his day.

#Early to bed and early to rise makes a man
healthy,
wealthy, and
wise.

#Keep something for a rainy day.

英語諺語：

1. Every dog has his day.
2. Early to bed and early to rise makes a man
   healthy,
   wealthy, and
   wise.
3. Keep something for a rainy day.

▶. 引文

　　不論研究報告寫作、訊息報導、甚至只是讀書心得紀錄時，資料來源內容的引錄都是一種必要的手段。「原文照引」是一種最忠實的作法。短引文當然以一對括號（「　」）加以括出即可，但稍長的引文便不適合以此方式處理。對於這些引文的處理，本節介紹的格式便可派上用場。

‖ 單層引文 ‖

　　整段引文可用二組各自在獨立的一列中，由三個小於符號「<」組合起來的標示符號「<<<」加以括起來標示。引文除了會內縮編排之外，在引文之前還會有明顯的直線加以標出。

‖ 格式 ‖

```
<<<
引文
<<<
```

┃ 引文

範例：

```
中央社台北六日電：
<<<
中央研究院院士余英時獲得美國克魯奇獎（Kluge Prize）肯定，
並於美國時間五日獲頒這項榮譽。克魯奇獎是由約翰‧克魯奇
（John W. Kluge）資助獎金每年一百萬美元，由美國國會圖書館
頒發，頒授對象不限國籍和語言，設立目的是獎勵諾貝爾獎沒有
照顧到的學術領域，著重於人文部份。
<<<
```

中央社台北六日電：

┃ 中央研究院院士余英時獲得美國克魯奇獎〈Kluge
┃ Prize〉肯定，並於美國時間五日獲頒這項榮譽。克魯
┃ 奇獎是由約翰‧克魯奇〈John W. Kluge〉資助獎金每
┃ 年一百萬美元，由美國國會圖書館頒發，頒授對象不限
┃ 國籍和語言，設立目的是獎勵諾貝爾獎沒有照顧到的學
┃ 術領域，著重於人文部份。

‖多重引文‖

當引文中又有引文時便形成了多重引文。若要做到多重引文,需將各層引文用大於符號「>」作為前引。使用多個大於符號還可以建立多層縮排的效果,越多個「>」表示越向右縮。

一般在文章撰述中這種多重引文較不多見,而比較常見於回覆信件的引文之中,或是在電子佈告板(BBS)的討論中也是一個常見的現象。

‖格式‖

```
>第一層引文
>>第二層引文
>>>第三層引文
```

第一層引文

第二層引文

第三層引文

範例:

```
舉雙手贊成 :)
小匹


On 5/23/07, 小馬 wrote:
>
>> On 5/28/07, 小健 wrote:
>>
```

>> 策略會議該開了，...

>

> 建議是否移師東北角？

> 小馬

舉雙手贊成 :)
小匹

On 5/23/07, 小馬 wrote:

On 5/28/07, 小健 wrote:

策略會議該開了，...

建議是否移師東北角？
小馬

巨集指令

　　除了記錄您所輸入的文字之外，TiddlyWiki也能提供一些「自動化」的處理。換言之，它能在詞條中加入一些可以隨環境而變動的文字。這些功能便稱為「巨集指令」（macro）。前面介紹用來加入當時日期時間的today指令便是一個巨集指令。事實上，巨集指令是不斷在增加的。巨集指令功能提供了TiddlyWiki使用者進行系統功能擴充的管道。我們將TiddlyWiki內建的巨集指令整理如下表，同時，在接下來的各節中也將針對這些常用的巨集指令作一介紹。有意思的是，這

些巨集指令其實各個也都是TiddlyWiki內部的一個個詞條。因此，進行系統功能擴充所要做的工作其實和詞條寫作是一樣的。這些比較進階的討論，我們留到第9章再來進行。

▼TiddlyWiki內建巨集指令

巨集指令	功　　能	語法例
allTags	列出本知識庫使用中的所有標籤，每一個項目都可以點選以列出當時貼附著該標籤的詞條	<<allTags>>
br	強迫換列而不造成段落中斷	< >
closeAll	建立一個可以關閉所有詞條的按鈕	<<closeAll>>
gradient	製造漸層填色效果	<<gradient [hori|vert] 顏色值>>文字>>
list	列出指定種類的詞條	<<list 指定種類>>
newJournal	建立一個可以新增日誌條目的按鈕	<<newJournal日期格式字串>>
newTiddler	建立一個可以新增詞條的按鈕	<<newTiddler>>
permaview	建立一個可以製造「顯示快照」的按鈕	<<permaview>>
saveChanges	建立一個可以儲存編輯成果的按鈕	<<saveChanges>>
search	建立一個檢索輸入框	<<search>>
slider	建立一個滑動式詞條	<<slider 記錄變數名稱 詞條標題 按鈕標題 提示文字>>
sparkline	建立一個峰值圖	<<sparkline 數值列>>

巨集指令	功　　　能	語法例
tabs	建立一個加有書籤的分頁式內容	<<tabs tabsClass 分頁書籤標題 分頁書籤說明文字 分頁書籤下的詞條>>
tag	建立一個可以顯示標籤清單的按鈕	<<tag 標籤名稱>>
tagging	列出目前貼附有指定標籤的詞條	<<tagging [標籤名稱]>>
tiddler	插入指定詞條的內容	<<tiddler 詞條標題>>
timeline	依時間戳記為序，列出所有詞條	<<timeline [排序依據][最大項數]>>
today	顯示現在的日期時間	<<today [日期格式字串]>>
version	顯示使用的TiddlyWiki版本	<<version>>

▶. allTags

　　以項目清單的格式列出本知識庫使用中的所有標籤，每一個標籤項目都是一個按鈕，可以點選以列出貼附該標籤的詞條。格式如下：

‖ 格式 ‖

<<allTags>>

　　詞條總管裡的「Tags」書籤便是用這個巨集產生的。請參考前面相關的說明，此處不再重複。

⭑. br

強迫資料換列顯示而不造成段落中斷，其效果與前面運用的
標記相同。格式如下：

‖ 格式 ‖

```
<<br>>
```

⭑. closeAll

顯示一個 close all 按鈕，點選它可以關閉所有已開啟的詞條，包括本按鈕所在的詞條。唯一的例外是，處於編輯狀態下的詞條並不會被關閉。

‖ 格式 ‖

```
<<closeAll>>
```

⭑. gradient

加入漸層底色，請見第4章的說明。

⭑. list

依指定的種類將相關的詞條連結列出。格式如下：

‖ 格式 ‖

```
<<list 指定種類>>
```

檔案(F)　　編輯(E)　　檢視(V)　　我的最愛(A)　　工具(T)　　說明(H)

上一頁　·　　·　　　　搜尋　　我的最愛

網址(D)

◎指定種類：指定要列出的詞條範圍，可省略，可指定的值有：

◇all：所有詞條（預設值）。

◇missing：已有連結存在但並未創建的詞條。

◇orphans：已創建但並無對之連結的詞條。

◇shadowed：重要但並未創建之系統詞條。

螢幕右下方的「詞條總管」項目下，「All」、「Missing」、「Orphans」、以及「Shadowed」等書籤的功能便是以此巨集做出來的，因此，關於其效果與操作方式在此便不再重複說明。

▶. newJournal

建立一個「新增日誌條目」的超連結按鈕 `new journal` ，點選這個按鈕，我們可以新增一個日誌條目。

‖ 格式 ‖

```
<<newJournal "日期時間格式">>
```

◎「日期時間格式」乃是用以指定作為新增日誌條目標題的日期時間的格式字串，例如「YYYY/MM/DD, hh:mm」。至於此格式的定義，請參見today巨集中的說明。

主功能表裡的newJournal項目便是用這個巨集產生的。請參考前面對於「新增日誌條目」的說明，此處不再重複。

▶. newTiddler

建立一個「新增詞條」的按鈕（ `new tiddler` ），藉由點選這個按鈕（變成 `new tiddler` ），我們可以新增一個詞條。

‖ 格式（新增空白詞條）‖

```
<<newTiddler>>
```

主功能表裡的newTiddler項目便是用這個巨集產生的。請參考前面關於「新增詞條」的說明，此處不再重複。

如果要新建的數個詞條內容有若干重複的內容，我們便可以用參數的方式來將這些重複的內容加以預填。在newTiddler巨集指令中可以用加入參數的方式來進行資料預填，其格式如下所示，而可用的參數另整理於格式後之表中加以說明。

‖ 格式（新增具有預填內容的詞條）‖

```
<<newTiddler 參數名稱:參數值>>
```

參數名稱	功用
label	本指令所產生的按鈕之名稱
prompt	游標移至本按鈕上時所要出現的提示訊息
accessKey	本按鈕的鍵盤速簡操作鍵，與Alt鍵組合可快速啟動本按鈕（注意不要與IE的功能表操作衝突。此外，包含本按鈕的詞條必須已經開啟，此快速啟動鍵才能發揮作用）
focus	新增詞條時，游標要停在哪個欄位以方便進行下一步編輯？可用值有：title（標題）、text（內容）、或是tags（標籤）
template	顯示新詞條時所要用的樣板（預設值為詞條編輯模式樣板，定義於EditTemplate詞條中）
text	新詞條的預填內容
title	新詞條的預填標題
tag	新詞條的預填標籤（本參數可以重複多次以加入多個預填標籤）

範例：

> <<newTiddler label:記錄下來 title:剪報資料 text:資料來源： tag:參考消息 focus:title accessKey:p>>

會產生如下的按鈕：

記錄下來

點選此按鈕，或是按下Alt+p再按Enter，便會新增如下具有預填欄位的詞條：

done　cancel　delete

剪報資料

> 剪報資料
>
> 資料來源：
>
> 參考消息

Type tags separated with spaces, [[use double square brackets]] if necessary, or add existing **tags**

如果要輸入的數個詞條都具有相同的內容結構，而且內容複雜不適合直接以前述的參數來植入的話，我們可以先另外建立一個範本（或叫樣板）詞條，然後再根據這個範本進行詞條的新增。此時的格式如下：

‖ 格式（根據範本新增一個詞條）‖

```
<<newTiddler label:"按鈕名稱" tag:"標籤" text:{{store.
getTiddlerText('範本詞條標題')}}>>
```

◎**按鈕名稱**：本巨集指令所建立的按鈕所顯示之名稱。

◎**標籤**：按下按鈕所新增的詞條之預設標籤。

◎**範本詞條標題**：本巨集指令新增詞條時所依據的範本詞條之標題。

範例（根據範本新增詞條）：

　　進行調查研究時，必須先針對各個訪談廠商建立基本資料，並且針對每一次訪談填寫詳細的訪談紀錄。而這些書面資料都有一定的資料項目必須填列，不能遺漏，如果採取空白紙面自由發揮，格式將因填寫人的不同而五花八門，將來勢必無法整合而造成許多困擾。因此，最好的方式是先設計好一個個的表格，然後需要時再逐項加以填寫即可。

　　在這個範例中，我們將先建立一個「基本客戶資料卡」詞條（以及一個「訪談資料表」詞條，後者內容未列出），然後再以此二詞條作為範本進行詞條新增。

　　首先建立「基本客戶資料卡」詞條（我們將在第7章介紹建立這個表格的方法）如下：

客	公司名稱			代　號		統一編號		
戶	公司地址			電　話		公司執照	字第　號	
基	工廠地址			電　話		工廠登記證	字第　號	
本	公司成立	年 月 日	資本額		員工人數	人		
資	主要業務			行業別：				
料	負責人		身份證號碼	配偶		身份證號碼		
	設籍地址			電話	擔任本職期間			
	執行業務者		身份證號碼	配偶		身份證號碼		

然後建立一個名為「訪談工具集」的詞條如下：

```
<<newTiddler label:"建立廠商基本資料" tag:"廠商" text:{{store.
getTiddlerText('基本客戶資料卡')}}>>
<<newTiddler label:"建立訪談紀錄" tag:"紀錄" text:{{store.
getTiddlerText('訪談紀錄表')}}>>
```

在此詞條中，我們建立了兩個按鈕，分別為「建立廠商基本資料」以及「建立訪談紀錄」如下：

訪談工具集

YourName, 3 April 2007(created 3 April 2007)

建立廠商基本資料

建立訪談紀錄

以後，使用者只要按下 建立廠商基本資料 ，便可以以「基本客戶資料卡」作為範本來進行詞條新增了：

done   cancel   delete

New Tiddler

New Tiddler

```
|客|公司名稱|>|>||代 號||統一編號||
|戶|公司地址|>|>||電 話||公司執照  字第  號|
|基|工廠地址|>|>||電 話||工廠登記證  字第  號|
|本|公司成立 年 月 日|資本額|>||員工人數|>|人|
|資|主要業務|>|>||行業別：|>|>||
|料|負責人||身份證號碼||配偶||身份證號碼||
||設籍地址|>||電 話||擔任本職期間|>||
||執行業務者||身份證號碼||配偶||身份證號碼||
```

廠商

Type tags separated with spaces, [[use double square brackets]] if
necessary, or add existing **tags**

▲. permaview

　　顯示一個建立顯示快照的 permaview 按鈕，點選它可以將目前開啟的所有詞條依顯示順序記錄在瀏覽器的「網址」列中，下次再輸入此一網址時，便會完全恢復現在的畫面。效果與畫面右上方主功能表中的permaview指令相同，已說明於第2章，請參閱，此處不再重複。

‖ 格式 ‖

```
<<permaview>>
```

▲. saveChanges

　　建立一個可以儲存編輯成果的 save changes 按鈕，效果與畫面右上方主功能表中的save changes指令相同，已說明於第2章，請參閱，此處不再重複。

‖ 格式 ‖

```
<<saveChanges>>
```

▲. search

　　建立一個全文檢索輸入介面 search ，包括命令按鈕及關鍵字詞輸入框。效果與畫面右上方主功能表中的全文檢索介面相同，已說明於第2章，請參閱，此處不再重複。

檔案(F)　編輯(E)　檢視(V)　我的最愛(A)　工具(T)　說明(H)

上一頁　‧　　‧　搜尋　　我的最愛

網址(D)

‖ 格式 ‖

```
<<search>>
```

‣ slider

　　本巨集可以在文章內埋入一個「滑動式詞條」，只要用滑鼠點選本巨集所產生的文字連結按鈕，便可以滑動式的展開或收合埋在該處的詞條內容。

‖ 格式 ‖

```
<<slider 記錄變數名稱 詞條標題 按鈕標題 提示文字>>
```

◎記錄變數名稱：用來記錄本滑動詞條是處於展開或收合狀態的瀏覽器餅乾（cookie）變數名稱，您可以任意設定；
◎詞條標題：被埋入的詞條之標題；
◎按鈕標題：本巨集所產生的文字連結按鈕上所顯示的文字。本標題將以棕色方框標示，當滑鼠移至按鈕上時，則顯現為棕色底的白色字體；
◎說明文字：滑鼠游標停在本滑動詞條按鈕上時會顯示在游標右下角的提示文字。

範例：

　　一百單八將是專指《水滸傳》中108個在梁山落草為寇的好漢。一百單八將根據上位天罡星三十六星，下位地煞星七十二星來排定，座次見於第71回《忠義堂石碣受天文　梁山泊英雄排座次》。

|1|天魁星|呼保義 及時雨|<<slider 001 宋江基本資料 宋江 點閱基本資料表>>|

|2|天罡星|玉麒麟|<<slider 002 盧俊義基本資料 盧俊義 點閱基本資料表>>|

|3|天機星|智多星|<<slider 003 吳用基本資料 吳用 點閱基本資料表>>|

|4|天閒星|入雲龍|<<slider 004 公孫勝基本資料 公孫勝 點閱基本資料表>>|

|5|天勇星|大刀|<<slider 005 關勝基本資料 關勝 點閱基本資料表>>|

…

此詞條的顯示效果為：

一百單八將是專指《水滸傳》中108個在梁山落草爲寇的好漢。一百單八將根據上位天罡星三十六星，下位地煞星七十二星來排定，座次見於第71回《忠義堂石碣受天文　梁山泊英雄排座次》。

1	天魁星	呼保義 及時雨	宋江
2	天罡星	玉麒麟	盧俊義
3	天機星	智多星	吳用
4	天閒星	入雲龍	公孫勝
5	天勇星	大刀	關勝

…

而當滑鼠移動至 宋江 這個按鈕上時，按鈕旁會出現提示訊息「點閱基本資料表」，並改變爲：

檔案(F)　編輯(E)　檢視(V)　我的最愛(A)　工具(T)　說明(H)

上一頁　　　　　　　搜尋　　我的最愛

網址(D)

一百單八將是專指《水滸傳》中108個在梁山落草爲寇的好漢。
一百單八將根據上位天罡星三十六星，下位地煞星七十二星來排
定，座次見於第71回《忠義堂石碣受天文　梁山泊英雄排座次》。

1	天魁星	呼保義 及時雨	宋江
2	天罡星	玉麒麟	盧 點閱基本資料表
3	天機星	智多星	吳用
4	天閒星	入雲龍	公孫勝
5	天勇星	大刀	關勝

點選 宋江 按鈕，便會將「宋江基本資料」這個詞條內容加以帶
出（爲節省篇幅，畫面下方有所刪節）：

一百單八將是專指《水滸傳》中108個在梁山落草爲寇的好漢。
一百單八將根據上位天罡星三十六星，下位地煞星七十二星來排
定，座次見於第71回《忠義堂石碣受天文　梁山泊英雄排座次》。

			宋江		
1	天魁星	呼保義及時雨	宋江		
			座次	1	
			星名	天罡星	
			封號	武德大夫、楚州安撫使，兼兵馬都總管	
			出身	鄆城縣系押司	
			梁山職司	總兵都頭領	
			出場回目	第18回	
2	天罡星	玉麒麟	盧俊義		

再點選一次 宋江 這個按鈕，則會將「宋江基本資料」這個詞條內容隱去。

▸. sparkline

　　sparkline巨集指令可以用來建立峰值圖（Sparklines），而所謂的「峰值圖」是指一個小而密集的圖形，用以展現出某一段時間內的數值變化。例如，網路流量統計、股價起伏概況、實驗數據分析、球隊表現數據等等。

　　此圖形的產製完全不需其他軟體的介入，同時亦可和其他的文字同時夾雜使用。在下面這個網址有進一步的應用描述，有興趣可參考研究：

　　http://ww.edwardtufte.com/bboard/q-and-a-fetch-msg?msg_id=0001OR&topic_id=1

　　‖ 格式 ‖

<<sparkline 資料串>>

　　◎資料串：要顯示的資料數值串列，其中各個資料項要以空格隔開。

範例：

本站流量統計：<<sparkline 100 123 142 90 321 111 145 165 92 90 200 121 92 101 85 72 60 110 150>>

本站流量統計：

東京各月最高溫變化統計：<<sparkline 9 10 15 19 24 27 30 31 25 22 16 11>>

東京各月最高溫變化統計：

一個小技巧，如果不希望各直線過密的話，可以在資料間夾入一些0加以隔開。例如，前面的東京平均氣溫範例可以改為：

東京各月最高溫變化統計：<<sparkline 9 0 10 0 15 0 19 0 24 0 27 0 30 0 31 0 25 0 22 0 16 0 11>>

其效果便成為：

東京各月最高溫變化統計：

比原先的看起來清爽多了吧。

▸. tabs

這個巨集可以讓我們建立分頁書籤式的頁面，每個分頁書籤負責顯示一個詞條的內容。

‖ 格式 ‖

```
<<tabs tabsClass
分頁書籤標題 分頁書籤說明文字 分頁書籤下的詞條
……
>>
```

◎第一列：tabsClass是用以顯示分頁書籤效果的CSS樣式定義類

別，可在StyleSheet詞條裡自行加以定義。（關於StyleSheet詞條，我們在第9章再來說明。）一般而言，不必更改它。

◎第二列起：每一列代表一個分頁，其中「分頁書籤標題」是要顯示在該分頁書籤上的文字；「分頁書籤說明文字」則是當滑鼠停在分頁書籤上時顯示在滑鼠游標右下角的說明文字；「分頁書籤下的詞條」指定當此分頁書籤被點選時，要在這個分頁書籤之下顯示的詞條。

範例：

詞條總管中，「More」書籤的製作方式如下：

```
<<tabs txtMoreTab
Missing  'Missing tiddlers'  TabMoreMissing
Orphans  'Orphaned tiddlers'  TabMoreOrphans
Shadowed  'Shadowed tiddlers'  TabMoreShadowed
>>
```

其中TabMoreMissing詞條內容為：

```
<<list missing>>
```

TabMoreOrphans詞條內容為：

```
<<list orphans>>
```

TabMoreShadowed詞條內容為：

```
<<list shadowed>>
```

範例：

　　在這個範例中，我們已經建立了兩個詞條，分別是：

◎「電腦遊戲動畫」詞條：針對「電腦遊戲動畫」這個課程的課
　程描述。

◎「電腦遊戲概論」詞條：針對「電腦遊戲概論」這個課程的課
　程描述。

　　在網頁中，我希望以分頁書籤的方式來介紹我所開的課，可以這
樣做：

```
<<tabs tabsClass
動畫概論 動畫課程說明 電腦遊戲動畫
遊戲概論 遊戲課程說明 電腦遊戲概論
>>
```

　　點選「動畫概論」這個分頁書籤時，出現如下的畫面：

| 動畫概論 | 遊戲概論 |

課程資訊

MULT-311-01-A1 電腦遊戲動畫
熟悉3D電腦動畫的基本觀念
熟悉3D電腦動畫軟體的操作
3ds max
訓練以軟體進行3D動畫創作之能力

出勤與平時作業：30%
期中作業：30%
期末作業：40%

2007春

- 數媒三，選修，2學分
- 工具：3ds max
- 課本：江高舉，《3ds max8造型設計與應用》，碁峰
- 協同教學：952江元皓協同教學

而點選「遊戲概論」這個分頁書籤時,則出現如下的畫面:

動畫概論 遊戲概論

課程資訊

電腦遊戲概論(大一上)
MULT 103 電腦遊戲概論　大一2/0
本課程重點在於教導學生製作電腦遊戲之步驟及過程,藉著最基本的
故事、角色、背景,來讓學生獲得基本的電玩認知。本課程的期末作
業將要求每一位學生完成一部完整的電玩雛形。
MULT 103 Introduction to Computer Game　2/0
This exciting course takes the student on a fast paced, step-by-step
journey through the computer game process. Beginning with the basics,
story and characters are developed, backgrounds and layouts created
while the student gains hands-on cognition. A computer game
prototype is produced for the final project.

$ 學生作業題庫

2006秋

- 數媒一,必修,2學分
- 課本:史萊姆工作室譯,《大師談遊戲設計》,上奇
- 講義:遊戲開發、GameMaker講義、1945解說
- 成績算法

⌐. tag

　　本巨集在所在的位置加入指定標籤的一個連結按鈕,標籤名稱即
為按鈕標題,點選該標籤名稱便會出現一個突現式清單,其中列出貼
有該指定標籤的所有詞條以供點選開啟,也可將該標籤的所有詞條一
次全部開啟(「Open all」選項),或直接開啟該標籤(「Open tag
'標籤名稱'」選項)。

範例:

```
<<tag 標籤名稱>>
```

上一頁　　　　　搜尋　　我的最愛

網址(D)

範例：

> 剛開始教書，授課科目混亂，因此加以記錄其點點滴滴。收集歷
> 年資料如下：
> <<tag 課表>>
> <<tag 課程>>

剛開始教書，授課科目混亂，因此加以記錄其
點點滴滴。收集歷年資料如下：
　課表
　課程

將滑鼠移至 課表 標籤時，該標籤將會轉為 課表 ，點選 課表 標
籤後，會出現如下的突現式清單：

在此例中，您可以有五種選擇可點選：

◎Open all：開啟所有貼上「課表」標籤的詞條，即：「2006秋課
　　表」、「2007春課表」、以及「空白課表」。

◎2006秋課表：開啟「2006秋課表」詞條。

◎2007春課表：開啟「2007春課表」詞條。

◎空白課表：開啟「空白課表」詞條。

◎Open tag '課表'：將「課表」這個標籤當詞條開啟。

移至　連結

▶. tagging

本巨集在所在的位置以清單的方式列出目前貼附有指定標籤的詞條，詞條將以項目符號清單的格式列出。

‖格式（基本格式）‖

<<tagging 標籤名稱>>

◎標籤名稱：指定的標籤名稱，如果省略未設定，則以所在的詞條標題為預設值。

範例：

在上述的例子中，貼附有「課表」這個標籤的詞條有：「2006秋課表」、「2007春課表」以及「空白課表」等三個詞條。因此，下列內容的顯示效果如下：

剛開始教書，授課科目混亂，因此加以記錄其點點滴滴。收集歷年資料如下：
<<tagging 課表>>

剛開始教書，授課科目混亂，因此加以記錄其點點滴滴。收集歷年資料如下：

tagging:
- 2006秋課表
- 2007春課表
- 空白課表

其中列出的三個詞條標題均是各該詞條的連結，可點選開啟。

您也可以在列出的清單之間加入一些編排符號，以達到某種程度

檔案(F)　編輯(E)　檢視(V)　我的最愛(A)　工具(T)　說明(H)

上一頁　　　　　搜尋　我的最愛

網址(D)

的編排效果。其格式如下：

‖ 格式（加上分隔符號）‖

```
<<tagging 標籤名稱 sep:[[分隔符號]]>>
```

◎標籤名稱：指定的標籤名稱，如果省略未設定，則以所在的詞
條標題為預設值。
◎分隔符號：加在標籤名稱列表各項目間的符號。

範例：
同上例，但修改tagging巨集指令如下：

```
剛開始教書，授課科目混亂，因此加以記錄其點點滴滴。收集歷
年資料如下：
<<tagging 課表 sep:[[...]]>>
```

剛開始教書，授課科目混亂，因此加以記錄其
點點滴滴。收集歷年資料如下：

tagging:
- **2006秋課表**
  ...
- **2007春課表**
  ...
- **空白課表**

▸. tiddler

本巨集指令讓我們直接引用其它詞條的內容，這些內容將會取

代本巨集指令的標示而顯示在巨集指令的位置。在實務運用上，我們可以用不同的詞條隨時記下一個個獨立的內容，而在一個總合的詞條中運用本巨集將這些個別詞條加以組織起來。對於資料的重複運用是一個很好用的工具。但是，請注意不要形成相互引用的迴圈，目前TiddlyWiki並沒有幫忙檢查這一點。

‖ 格式 ‖

```
<<tiddler 詞條標題>>
```

◎詞條標題：要加以引用的詞條之標題。

範例：

在大學授課工作中，期末報告題目的設計是一個相當大的重點，往往為了設計一個適當的期末報告題目，需要耗費許多的時間進行相關資料的收集、編排、以及整理。因此，我們可以在課程進行的途中，便隨時留意可以作為題目的資料，分別建立一個個題庫詞條，並隨著課程的進行根據學生的反應或程度進行調整。這些工作，將可以累積出不少適合作為報告的題目知識庫，甚至是研究生研究題目的起點。而在需要印發講義給學生時，只要選擇適當的題目詞條，然後運用本巨集指令加以組合即可。

例如，在某個程式設計的課程中，我累積了下列的題庫詞條，在這些詞條中，除了包括題目的說明外，也針對題目的解題方向進行了初步的分析與解說：

◎龜兔賽跑

◎平面走迷宮

◎文本分析

◎摩斯電碼

◎生命遊戲

◎……

檔案(F)　編輯(E)　檢視(V)　我的最愛(A)　工具(T)　說明(H)

上一頁　　　　　　搜尋　　我的最愛

網址(D)

此外，針對學生報告的品質要求，包括格式、大綱、內容、⋯⋯等等，我也逐步根據經驗整理出一個「程式報告規定」詞條。

因此，在準備印發給學生的講義詞條中，內容僅為：

```
!一、相關規定
----
!!繳交期限：2007年6月12日 12:00前 送至C608
!!嚴禁抄襲，若經發現，雙份均以0分計算
----
<<tiddler 程式報告規定>>
<<tiddler 2007春（期末作業分組）>>
----
!二、題目
!!! 1.龜兔賽跑
<<tiddler 龜兔賽跑>>
----
!!! 2.平面走迷宮
<<tiddler 平面走迷宮>>
----
!!! 3.文本分析
<<tiddler 文本分析>>
----
!!! 4.摩斯電碼
<<tiddler 摩斯電碼>>

----
!!! 5.生命遊戲
<<tiddler 生命遊戲>>
----
（下略）⋯⋯
```

timeline

依時間戳記為序，列出所有詞條。格式如下：

‖ 格式 ‖

```
<<timeline [排序依據] [最大項數]>>
```

◎排序依據：列出各詞條時的排序依據（可省略），可能值有：
　　◇Modified：依據詞條最後一次修改的時間。
　　◇Created：依據詞條創建的日期。
◎最大項數：列出項目數的上限（可省略）。

　　螢幕右下方的「詞條總管」項目下，「Timeline」書籤的功能便是以此巨集產生的，因此，關於其效果與操作方式不再重複說明。

today

已說明於第4章，請參閱。

version

顯示出目前使用的TiddlyWiki版本號碼。

‖ 格式 ‖

```
<<version>>
```

範例：

```
<<today YYYY/MM/DD>>時，筆者所用的~TiddlyWiki版本為
<<version>>。
```

2007/6/8時，筆者所用的TiddlyWiki版本為2.2.1。

表格的處理。

　　表格是進行資料分組、組織、與格式化的良好工具。在日常生活中，我們便常使用表格。例如，常見的發票便是表格的一例，而發票表格中的品名、單價、數量、總價等等都是表格的不同欄位。由於表格的使用相當頻繁而直覺，因此，大多數的編輯軟體都具有表格編製的功能。例如，簡報軟體的PowerPoint和文書處理軟體的Word便提供相當豐富的表格處理能力。而試算表軟體（如Excel）以及資料庫軟體（如dBase）更是直接以表格作為資料處理的基本單位。

　　TiddlyWiki軟體當然也提供了處理表格的功能。然而，如同我們開宗明義便澄清的，我們使用Wiki軟體的目的是知識收集與紀錄整理，其中筆記的性質大於美觀排版，效能要求大於外觀考量，因此，Wiki軟體的表格編輯便相當的簡單而易上手，但也相對的較陽春。

　　表格是由橫向及縱向的格子所排列組成，這些格子我們稱之為儲存格（cell），橫向同一排的儲存格稱為一個列（row），而縱向同一排的格子則稱為欄（column）。儲存格、列、欄、乃至整個表格，不例外的，在TiddlyWiki中也都是使用特殊符號的標示來完成建構的。

建立表格

　　預設情形下，TiddlyWiki中的表格是一個矩陣式的表格。換言之，各資料列中的資料欄位數是一樣的。因此，將一組資料轉成以表格方式呈現時，同一列上的資料便會自動呈現在表格的同一資料列中，而各欄位間只要加入「|」字元加以區隔即可。而各資料列的結束則是以文字段落作為依據，一個段落代表一個資料列。因此，要進行表格列的增刪時，只要增刪一個資料列即可。但是要做資料欄的增刪就比較麻煩，需要到各列找出該欄的相對位置，然後進行「|」字元及欄位值的增刪。

範例（基本表格）：

　　例如，下列這個資料標示方式：

```
|學號|姓名|國文|英文|公民與道德|
|950120|張小明|80|90|50|
|950121|吳小華|100|63|70|
|950122|歐陽小同|62|50|90|
|950125|陳小英|70|80|85|
```

　　便可在TiddlyWiki中建立如下的基本表格：

學號	姓名	國文	英文	公民與道德
950120	張小明	80	90	50
950121	吳小華	100	63	70
950122	歐陽小同	62	50	90
950125	陳小英	70	80	85

▲基本成績單表格

在資料表格的編排中，每一個資料列是以一個段落為單位的，因此，當您按下Enter鍵以造成段落的結束時，表格的內容便會在該處中斷。如果需要在同一格儲存格內輸入兩個以上的段落，可以用
標記來達到資料分列而段落不中斷的效果。

範例（跨列的儲存格內容）：

"95年著作權法修正條文對照表"

|修正條文|現行條文說明|

|第九十四條　（刪除）|第九十四條　以犯第九十一條第一項、第二項、第九十一條之一、第九十二條或第九十三條之罪為常業者，處一年以上七年以下有期徒刑，得併科新臺幣三十萬元以上三百萬元以下罰金。
以犯第九十一條第三項之罪為常業者，處一年以上七年以下有期徒刑，得併科新臺幣八十萬元以上八百萬元以下罰金。|一、本條刪除。
二、配合刑法已刪除所有常業犯之規定，本條爰予刪除。|

95年著作權法修正條文對照表

修正條文	現行條文	說明
第九十四條（刪除）	第九十四條　以犯第九十一條第一項、第二項、第九十一條之一、第九十二條或第九十三條之罪為常業者，處一年以上七年以下有期徒刑，得併科新臺幣三十萬元以上三百萬元以下罰金。 以犯第九十一條第三項之罪為常業者，處一年以上七年以下有期徒刑，得併科新臺幣八十萬元以上八百萬元以下罰金。	一、本條刪除。 二、配合刑法已刪除所有常業犯之規定，本條爰予刪除。

請注意，在此例中，我們用
標記以達到資料換列而段落未中

斷的效果。

　　基本表格的建立相當簡單，但是總嫌簡單了些。以下將討論如何加入表格的標題、設定欄位標題、以及進行儲存格內容的編排。

▸. 表格標題的設定

　　一張表格應該有它的主題，因此可據以設定其標題。例如，前一個範例的成績表格可以叫做「95學年度 第一次段考成績」。如何做到呢？

　　要設定一個表格的標題，只要在表格資料的上方或下方列按照如下所示的格式加入標題文字即可：

‖ 格式 ‖

　|表格標題|c

　　範例請參看下一節的說明。

▸. 表格欄位標題的設定

　　表格中的各個欄位往往也需要一個名稱，也就是「欄位標題」。欄位標題是該欄位的內容說明，但不屬於資料值的一部份，因此，一般在編排上會與真正的資料值有所區隔。

　　要建立欄位的標題，先將各個欄位的標題和其他資料一樣的方式加入到表格中，然後在標題列的尾端加入「h」字母作為標示即可。格式如下：

‖ 格式 ‖

　|欄位標題|……|h

範例：

加上表格標題及設定欄位標題後，我們的成績單表格為：

```
|學號|姓名|國文|英文|公民與道德|h
|950120|張小明|80|90|50|
|950121|吳小華|100|63|70|
|950122|歐陽小同|62|50|90|
|950125|陳小英|70|80|85|
|95學年度 第一次段考成績|c
```

學號	姓名	國文	英文	公民與道德
950120	張小明	80	90	50
950121	吳小華	100	63	70
950122	歐陽小同	62	50	90
950125	陳小英	70	80	85

95學年度 第一次段考成績

▲加上標題及欄位名稱的成績單表格

▶. 儲存格內容的編排

觀察前述的成績單表格，我們發現所有的欄位在水平方向均是靠左編排。可是在習慣用法上，有一些欄位適合靠右編排（如數據），有些則可能適合置中編排（如欄位名稱）。因此，我們需要對儲存格的內容進行編排。

TiddlyWiki儲存格內容的水平方向編排相當的簡單，主要是以儲存格內容與前後「|」符號間的空格存在與否來加以設定。以一個儲存格為例整理如下表所示：

編排要求	輸出效果	標示方法	說　明
靠左	儲存格內容	|儲存格內容|	儲存格內容前後方完全沒有空格
置中	儲存格內容	| 儲存格內容 |	儲存格內容前後方都有空格
靠右	儲存格內容	| 儲存格內容|	儲存格內容只有前方有空格

　　請注意，由於TiddlyWiki對於欄位寬度是採取隨欄位內容自動調整的作法，因此，一個欄位的寬度將由同一欄的各個儲存格中寬度最大者決定。同時，如果欄位內容與欄位寬度相同時，上述三種編排法將看不出其編排效果。

範例（水平編排效果）：

　　考量資料特性，將成績單內容加以編排後，結果如下：

```
|學號|姓名|國文|英文|公民與道德|h
|950120|張小明| 80| 90| 50|
|950121|吳小華| 100| 63| 70|
|950122|歐陽小同| 62| 50| 90|
|950125|陳小英| 70| 80| 85|
|95學年度 第一次段考成績|c
```

學號	姓名	國文	英文	公民與道德
950120	張小明	80	90	50
950121	吳小華	100	63	70
950122	歐陽小同	62	50	90
950125	陳小英	70	80	85

95學年度 第一次段考成績

▲考量儲存格內容編排的成績單表格

　　而在垂直方向上，預設的編排效果是靠該儲存格中間位置排列的。如果要靠上方排列，可在該儲存格一開始的地方（也就是緊跟於「|」符號之後）加上「vertical-align:top;」標示。同理，若加上標示「vertical-align:bottom;」，則是靠下方編排。

範例（垂直編排效果）：

"95年著作權法修正條文對照表"
| 修正條文 | 現行條文 | 說明 |
|vertical-align:top;第九十四條　（刪除）|第九十四條　以犯第九十一條第一項、第二項、第九十一條之一、第九十二條或第九十三條之罪為常業者，處一年以上七年以下有期徒刑，得併科新臺幣三十萬元以上三百萬元以下罰金。
以犯第九十一條第三項之罪為常業者，處一年以上七年以下有期徒刑，得併科新臺幣八十萬元以上八百萬元以下罰金。|vertical-align:top;一、本條刪除。
二、配合刑法已刪除所有常業犯之規定，本條爰予刪除。|

修正條文	現行條文	說明
第九十四條（刪除）	第九十四條　以犯第九十一條第一項、第二項、第九十一條之一、第九十二條或第九十三條之罪為常業者，處一年以上七年以下有期徒刑，得併科新臺幣三十萬元以上三百萬元以下罰金。 以犯第九十一條第三項之罪為常業者，處一年以上七年以下有期徒刑，得併科新臺幣八十萬元以上八百萬元以下罰金。	一、本條刪除。 二、配合刑法已刪除所有常業犯之規定，本條爰予刪除。

▶. 儲存格的合併

　　儲存格的合併可分為縱向合併以及橫向合併。以一個基本的表格為基礎，在一個空的儲存格中加入一個「~」字元將使該儲存格和其上方的儲存格合併，是為縱向合併（跨列合併）。如果加入的字元為「>」，則會使該儲存格和其右方的儲存格合併，便是橫向合併（跨欄合併）。要注意的是，前述的標示字元和「|」字元之間不可以有任何的空格存在。

範例：

```
|朝代|>| 姓名 |風格|h
|唐人|~|韓愈||
|~|>|柳宗元||
|宋人|~|歐陽修||
|~|>|曾鞏||
|~|>|王安石||
|~|三蘇|蘇洵||
|~|~|蘇軾||
|~|~|蘇轍||
|唐宋八大家風格比較|c
```

朝代	姓名		風格
唐人	韓愈		
	柳宗元		
宋人	歐陽修		
	曾鞏		
	王安石		
	三蘇	蘇洵	
		蘇軾	
		蘇轍	

唐宋八大家風格比較

檔案(F)　編輯(E)　檢視(V)　我的最愛(A)　工具(T)　說明(H)

上一頁　·　　·　×　　　　搜尋　　我的最愛　　　　　　　　　　　　　　　　　　

網址(D)

　　　　對於剛開始學習建立表格的人來說，以標示符號進行編排可能會有一種無法直接更改表格外表的隔閡，因為總需要完成編輯工作之後才能看到顯示出來的表格效果。因此，這裡簡單討論一下建構的技巧。例如，要建立前一個「唐宋八大家風格比較」的範例表格時，其步驟如下：

1. 計算出表格行數和列數的最高需求：在此例中，橫列需求為9，而直欄的需求為4。

2. 以前一步驟的最高需求數建立一個全空的基本表格；此例建立的基本表格為（為之後討論方便考量，各儲存格加以編號如表中所示）：

11	12	13	14
21	22	23	24
31	32	33	34
41	42	43	44
51	52	53	54
61	62	63	64
71	72	73	74
81	82	83	84
91	92	93	94

3. 在建立的基本表格中，找出需合併為一的各個儲存格。儲存格只能以維持矩形形狀的方式進行合併。換言之，合併之後的大儲存格其原始儲存格不是屬於同一列，就是必須屬於同一欄。例如：儲存格11, 21, 31三者可以合併，但11, 21, 12三者則不行。在此例中，儲存格12, 13將合併而存放「姓名」、儲存格21, 31將合併而存放「唐人」、儲存格41, 51, 61, 71, 81, 91將合併而存放「宋人」、儲存格72, 82, 92將合併而存放「三蘇」。這些儲存格合併情形如下圖所示：

11	12	13	14
21	22	23	24
31	32	33	34
41	42	43	44
51	52	53	54
61	62	63	64
71	72	73	74
81	82	83	84
91	92	93	94

4. 需要合併的同一列儲存格，將資料填於最右方的儲存格，其餘各格填入「>」符號。因此，儲存格12, 13將分別填入「>」以及「姓名」；而需要合併的同一欄儲存格，則將資料填於最上方的儲存格，其餘各格填入「~」符號。儲存格72, 82, 92將分別填入「三蘇」、「~」、「~」。

5. 剩下的資料欄則依規劃加以填入即可。

▶. 表格大小與格線粗細的調整

基本上，TiddlyWiki的表格大小是由系統自動調整的，它會針對各儲存格的內容而進行欄位寬度（直行）的調整。因此，如果某一直行的各儲存格資料均很少，該行便會被壓縮至很窄。在下一節我們便會看到這樣的例子。

表格線的粗細也是由系統自行決定的，外框線寬大約是內部格線的兩倍。一個調整格線粗細的技巧是利用空儲存格來進行，簡言之，空的資料列便可以讓橫的格線加粗，越多的空白列將使得該格線加得越粗。

範例：

```
|朝代|>| 姓名 |風格|h
|||||
|唐人|>|韓愈||
|~|>|柳宗元||
|||||
|宋人|>|歐陽修||
|~|>|曾鞏||
|~|>|王安石||
|~|三蘇|蘇洵||
|~|~|蘇軾||
|~|~|蘇轍||
|唐宋八大家風格比較|c
```

朝代	姓名		風格
唐人	韓愈		
	柳宗元		
宋人	歐陽修		
	曾鞏		
	王安石		
	三蘇	蘇洵	
		蘇軾	
		蘇轍	

唐宋八大家風格比較

⏷ 儲存格加網底

　　或許為了美化考量，或許為了標示不同的資料屬性，或是針對幾個欄位進行特別的強調，我們可以針對各個儲存格分別設定其底色

（加網底）。最簡單的方法是在儲存格資料前方的「|」字元之後緊接著加入「!」符號，便可以將該儲存格呈現出與表格欄位標題一樣的效果，而儲存格內容的編排（例如指定靠中或靠右編排所需加入的空格）則由此驚歎號「！」之後起算。

‖ 格式 ‖

|!強調的儲存格資料|

範例：

下面是一個簡單的生命演化案例：

第一代：
	!＊		!＊	
		!＊		
		!＊		
	!＊		!＊	

第二代：
		＊		
	!＊	＊	!＊	
	!＊	＊	!＊	
		!＊		

檔案(F)　編輯(E)　檢視(V)　我的最愛(A)　工具(T)　說明(H)

上一頁　·　　·　　　搜尋　　我的最愛

網址(D)

下面是一個簡單的生命演化案例：

第一代：

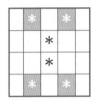

第二代：

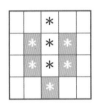

比較一般性而非與表格欄位標題一樣格式的作法是：在該儲存格加入設定底色的指令。這個指令和界定該儲存格起點的「|」之間不可以有空格存在。指令格式如下：

‖ 格式 ‖

```
bgcolor(RGB值):
```

◎「RGB值」為以 # 開頭的十六進位數值：格式可為六位數的 #RRGGBB，或是三位數的#RGB，其中R代表指定紅色成分的數值、G代表指定綠色成分的數值、B代表指定藍色成分的數值，三者的值均可以由0至F。因此，「RGB值」的區間可以是 #000至#FFF，或是#000000至#FFFFFF。

節	時間	一	二	三	四	五	六	日
1	8:10-9:00			bgcolor(#F99): [[資料結構]](~CB302)				
2	9:10-10:00			~			
3	10:10-11:00			bgcolor(#FF9): [[資料結構]](雙:M303)				
4	11:10-12:00		~				
5	12:10-13:00						
6	13:10-14:00						
7	14:10-15:00						
8	15:10-16:00	bgcolor(#F99): [[多媒體互動程式設計]](S305)
bgcolor(#F99): [[基礎程式設計]](W301)
		bgcolor(#F99): [[電腦繪圖]](單:R603 雙:W301)		
9	16:10-17:00	~	~			~		
10	17:05-17:55		~	bgcolor(#F99): [[電腦遊戲動畫]](S305)		~		
11	18:20-19:10			~				
12	19:15-20:05						
13	20:10-21:00						
14	21:05-21:55						

|bgcolor(#F99):每週|
|bgcolor(#FF9):隔週|

節	時間	一	二	三	四	五	六	日
1	8:10-9:00			資料結構(CB302)				
2	9:10-10:00			資料結構(CB302)				
3	10:10-11:00		資料結構(雙:M303)					
4	11:10-12:00		資料結構(雙:M303)					
5	12:10-13:00							
6	13:10-14:00							
7	14:10-15:00							
8	15:10-16:00	多媒體互動程式設計(S305)	基礎程式設計(W301)			電腦繪圖(單:R603 雙:W301)		
9	16:10-17:00	多媒體互動程式設計(S305)	基礎程式設計(W301)			電腦繪圖(單:R603 雙:W301)		
10	17:05-17:55			電腦遊戲動畫(S305)				
11	18:20-19:10			電腦遊戲動畫(S305)				
12	19:15-20:05							
13	20:10-21:00							
14	21:05-21:55							

每週
隔週

　　在這個例子中，我們還可看到週四、六、日三個直行因為各該行內的儲存格均沒有文字需要顯示，因此，其寬度便被壓縮至最小。

▶. 其他軟體表格的匯入

　　由於TiddlyWiki是採用標示方式來進行表格的建置，因此，要從其他資源匯入表格便會相當簡單，只要將它們存為文字模式，然後將儲存格的分隔符號改為「|」字元即可。但是以此方式轉進來的表格將是一個基本表格，因此，您必須另外進行適當儲存格的合併處理。

‖ 匯入Excel試算表 ‖

　　例如，要將Excel試算表匯入TiddlyWiki的步驟如下：

1. 在Excel中，在您想要轉出來的試算表最左方及最右方各加入一個空白欄，裡面不填入任何東西。
2. 將試算表另存為CSV格式。
3. 用任何一個文書處理程式（記事本、小作家、或Word均可）開啟前一步驟所產生的CSV格式檔案，用「全部替換」功能將其中用以分隔各欄位的「,」符號全換為「|」符號。請注意，如果您原先的Excel檔案資料中，已經有用到「,」的話，可能會與分隔各欄位的「,」符號混在一起，替換時請仔細確認。如果這種情形太多，建議採取另一種作法：先將整個試算表選起，複製後執行Word，然後再到空白的Word文件中插入，讓試算表成為Word的表格，再依下面討論匯入Word表格的方法進行。
4. 將編輯完的文字全部選取，使用複製功能將它拷貝至剪貼簿中。
5. 開啟要插入此試算表的詞條，或是新建一個空詞條來容納它，進入詞條編輯模式後，使用「貼上」的功能將剪貼簿內容貼到詞條內容區去。大功告成！！

範例：

　　我們以Microsoft Office Excel所附之範例「帳單管理」作為示範，該試算表的畫面如下（我們將待填的服務項目等細項加以刪除數列以節省篇幅）：

檔案(F)　編輯(E)　檢視(V)　我的最愛(A)　工具(T)　說明(H)

上一頁 · · · 搜尋 · 我的最愛 · · · · · · · · ·

網址(D)

帳單

貴公司寶號
貴公司標語

帳單編號：
帳單日期：

貴公司地址

電話: 000-000-0000
傳真: 000-000-0000

客戶名稱：　　　　　　　　　　　　電話：
客戶地址：　　　　　　　　　　　　傳真：
　　　　　　　　　　　　　　　　　經辦：

服務項目	服務小時	單價	起迄時日	金額

稅前合計	$	-
營業稅額	$	-
金額總計	$	-

　　依前述步驟進行轉換，然後將.CSV檔的逗號轉成「∣」符號之後，得到的內容如下：

```
|||||||||||
|帳單||||||||||
|||||||||||
|貴公司寶號||||||帳單編號：|||
```

‖貴公司標語‖‖‖‖帳單日期：‖‖
‖貴公司地址‖‖‖‖‖
‖‖‖‖‖‖‖‖
‖電話: 000-000-0000‖‖‖‖‖‖
‖傳真: 000-000-0000‖‖‖‖‖‖‖
‖‖‖‖‖‖‖‖
‖‖客戶名稱：‖‖‖電話：‖Telephone: ‖
‖‖客戶地址：‖‖‖傳真：‖Fax: ‖
‖‖‖‖‖‖經辦：‖PO number: ‖
‖‖‖‖‖‖‖‖
‖服務項目‖‖‖ 服務小時 ‖ 單價 ‖起迄時日‖金額‖
‖‖‖‖‖‖‖
‖‖‖‖‖‖‖‖
‖‖‖‖‖‖‖
‖‖‖‖‖‖‖
‖‖‖‖‖‖‖
‖‖‖‖‖‖‖
‖‖‖‖‖‖‖
‖‖‖‖‖‖‖
‖‖‖‖‖‖‖
‖‖‖‖‖‖‖
‖‖‖‖‖‖‖
‖‖‖‖‖‖‖
‖‖‖‖‖‖‖
‖‖‖‖‖‖‖
‖‖‖‖‖‖‖
‖‖‖‖‖‖税前合計‖ $- ‖
‖‖‖‖‖‖營業稅額‖ $- ‖

||||||||金額總計|| $- |

|||||||||||

饌入TiddlyWiki的顯示效果為：

帳單								
貴公司寶號					帳單編號：			
貴公司標語					帳單日期：			
	貴公司地址							
	電話: 000-000-0000							
	傳真: 000-000-0000							
		客戶名稱：			電話：	Telephone:		
		客戶地址：			傳真：	Fax:		
					經辦：	PO number:		
服務項目			服務小時	單價	起迄時日			金額
					稅前合計			$-
					營業稅額			$-
					金額總計			$-

顯然不能令人滿意。刪除其中空的表格列，將原來試算表中橫跨數個儲存格的欄位標題搬至最右邊格並將其左邊各格填入「 > 」（讓這些儲存格再合併起來）之後，得到：

|>|>|>|>|>|>|>|>| 帳單 |

|>|>|>|>|>|>|>|貴公司寶號|帳單編號：|>||

|>|>|>|>|>|>|>|貴公司標語|帳單日期：|>||

|>|>|>|>|>|>|>|>|貴公司地址|

|>|電話: 000-000-0000|>|>|>|>|>|>|>||

|>|傳真: 000-000-0000|>|>|>|>|>|>|>||

>	>	客戶名稱：	>	>	>	>		電話：	Telephone:	
>	>	客戶地址：	>	>	>	>		傳真：	Fax:	
>	>	>	>	>	>	>	經辦：	PO number:	
>	>	>	服務項目	服務小時	>	單價	>	起迄時日	>	金額
>	>	>	項目1		>		>		>	
>	>	>	>	>	>		稅前合計	>	$-
>	>	>	>	>	>		營業稅額	>	$-
>	>	>	>	>	>		金額總計	>	$-

現在的效果應是可以用了：

帳單				
貴公司寶號		帳單編號：		
貴公司標語		帳單日期：		
貴公司地址				
電話: 000-000-0000				
傳真: 000-000-0000				
客戶名稱：		電話：	Telephone:	
客戶地址：		傳真：	Fax:	
經辦：			PO number:	
服務項目	服務小時	單價	起迄時日	金額
項目1				
			稅前合計	$-
			營業稅額	$-
			金額總計	$-

‖ 匯入Word表格 ‖

至於Word表格的匯入，基本觀念也是一樣，先轉為純文字格式，然後再將欄位分隔字元改為「|」。詳細步驟如下：

1. 在Word中，在您想要轉出來的Word表格最左方及最右方各加入一個空白欄，其中不填入任何東西。如果表格各列的欄位數不一，插入最右方欄位所出現的空欄位位置可能有誤，請將儲存格內容搬移正確，或是最後做完再調整亦可（請注意下例說明）。

2. 在表格上任何一個位置按一下滑鼠左鍵，然後點選Word功能表中的「表格」項目，然後將游標移至出現的下拉式功能表中的「選取」項目。

3. 滑鼠停住一段時間後，等「選取」右方的下拉式功能表出現時，將滑鼠移過去點選「表格」項目。

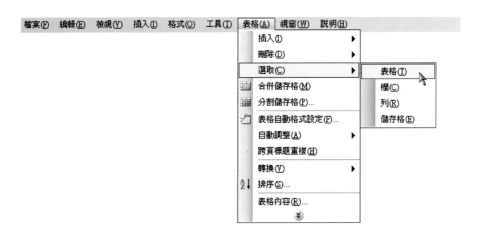

此時您會發現整個表格已被選取。

4. 以同樣方式，點選Word功能表中的「表格」-「轉換」-「表格轉文字」項目。在出現的「表格轉換為文字」的對話框中，點選「其他」，並在其後方方格內填入「|」字元。按下「確定」按鈕，進行轉換。

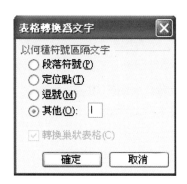

5.將編輯完的文字全部選取，使用複製功能將它拷貝至剪貼簿中。

6.開啟要插入此表格的詞條，或是新建一個空詞條來容納它，進入詞條編輯模式後，使用「貼上」的功能將剪貼簿內容貼到詞條內容區去。連續的「‖」可考慮用「＞」符號加以合併。大功告成！！

範例：

在Microsoft Word中，附有一個名為「客戶資料卡」的範本，我們加以簡化如下：

<u>客戶資料卡</u>

客 戶 基 本 資 料	公司名稱		代 號		統一編號		
	公司地址		電 話		公司執照	字第	號
	工廠地址		電 話		工廠登記證	字第	號
	公司成立	年 月 日	資本額		員工人數	人	
	主要業務				行業別：		
	負責人		身份證號碼		配偶		身份證號碼
	設籍地址		電 話		擔任本職期間		
	執行業務者		身份證號碼		配偶		身份證號碼

將表格部分依上述步驟處理，轉換所得的資料文字內容如下：

檔案(F)　編輯(E)　檢視(V)　我的最愛(A)　工具(T)　說明(H)

上一頁　　　　　　搜尋　　我的最愛

網址(D)

```
|客|公司名稱||代 號||統一編號||
|戶|公司地址||電 話||公司執照｜ 字第 號|
|基|工廠地址||電 話||工廠登記證｜ 字第 號|
|本|公司成立|年 月 日|資本額||員工人數||人|
|資|主要業務||行業別：||||
|料|負責人||身份證號碼||配偶|||身份證號碼|
||設籍地址||電 話||擔任本職期間||
||執行業務者||身份證號碼||配偶|||身份證號碼|
```

將這些文字拷貝進入適當的詞條中，便可得到TiddlyWiki的表格。

客	公司名稱		代 號	統一編號		
戶	公司地址		電 話	公司執照	字第 號	
基	工廠地址		電 話	工廠登記證	字第 號	
本	公司成立	年 月 日	資本額	員工人數	人	
資	主要業務		行業別：			
料	負責人		身份證號碼	配偶		身份證號碼
	設籍地址		電 話	擔任本職期間		
	執行業務者		身份證號碼	配偶		身份證號碼

　　這裡的問題是表格各列的欄位數不一致，因此造成其中幾列的右邊有空格出現，而且在第1步驟插入最右邊欄時有些欄位次序有誤（例如，最右邊的兩個「身分證號碼」標題應該在其左方儲存格）。針對較短的每一列，數一下需要再加入多少個欄位，然後在適當的地方加入該數量的「|」符號。例如，在本例中，除了第6, 8列之外，均需各補入兩個欄位，因此，需要各插入兩個「|」符號。最後，在「|」之間加入適當的「>」進行儲存格合併。位置錯誤者則加以搬移調整。得到結果如下：

客	公司名稱	>	>		代 號		統一編號	
戶	公司地址	>	>		電 話		公司執照	字第 號
基	工廠地址	>	>		電 話		工廠登記證	字第 號
本	公司成立	年 月 日	資本額	>		員工人數	>	人
資	主要業務	>	>		行業別：	>	>	
料	負責人		身份證號碼		配偶		身份證號碼	
	設籍地址	>		電 話		擔任本職期間	>	
	執行業務者		身份證號碼		配偶		身份證號碼	

客	公司名稱			代 號		統一編號	
戶	公司地址			電 話		公司執照	字第 號
基	工廠地址			電 話		工廠登記證	字第 號
本	公司成立	年 月 日	資本額		員工人數	人	
資	主要業務			行業別：			
料	負責人		身份證號碼	配偶		身份證號碼	
	設籍地址		電 話	擔任本職期間			
	執行業務者		身份證號碼	配偶		身份證號碼	

檔案(F)　編輯(E)　檢視(V)　我的最愛(A)　工具(T)　說明(H)

上一頁　　　　　搜尋　　我的最愛

網址(D)

圖片的處理

　　就資料的收集運用而言，圖片也是不可或缺的部分。甚至，在許多資料中，圖片的功用要遠大於文字，所謂「一圖勝過千言萬語」。例如，許多統計數據便是以圖表的方式發表的。因此，圖片的處理也是TiddlyWiki必須提供的功能。但是必須先了解的是，TiddlyWiki並不提供繪圖處理功能，它僅是負責將您插入的圖片加以顯示出來而已。基本上，能在網頁上顯示的圖片，在TiddlyWiki中也都可以顯示無礙。圖片可以來自數位相機拍攝、其他軟體所建立、或是網路所收集。能用以建立圖片的軟體以及圖片格式種類均相當的多，完全視當初產品規劃的目標而有不同的擅長。

　　一份包含了圖片與文字的文件，我們一般稱之為「圖文整合文件」。圖文二者格式有相當大的不同，因此在整合時便需特別的編排。在TiddlyWiki中，圖文的編排也是用特殊符號標示來完成的。同時，這些圖片並未整合至TiddlyWiki知識庫中，知識庫紀錄的僅是該圖片在檔案中的位置，因此，這些圖片仍然維持其獨立的地位，可用其他的軟體進行編輯修改，而每次TiddlyWiki所顯示的都是當時的最新版。當然，如果您將該圖片刪除的話，TiddlyWiki便會在紀錄的位置上找不到該圖片，而在編排顯示時便會以 ⊠ 符號代表。

▶. 插入圖片

如果在硬碟中已有圖片可供使用，只要在適當的地方加以插入即可。插入圖片的標示格式如下：

‖ 格式 ‖

[img[檔案名稱]]

◎檔案名稱：要插入的圖片檔案名稱。

範例：

|>|>| 宋江 |h
座次	1	[img[so.jpg]]
星名	天罡星	~
封號	武德大夫、楚州安撫使，兼兵馬都總管	~
出身	鄆城縣押司	~
梁山職司	總兵都頭領	~
出場回目	第18回	~

宋江		
座次	1	
星名	天罡星	
封號	武德大夫、楚州安撫使，兼兵馬都總管	
出身	鄆城縣系押司	
梁山職司	總兵都頭領	
出場回目	第18回	

其中so.jpg為圖片檔案名稱，存放位置與TiddlyWiki知識庫檔案相同，因此不需加註完整的路徑名稱。

▶. 圖片與提示訊息

在某些情形下我們會需要在圖片上加註一些提示文字。最常見的情形是當滑鼠移動至插入的圖片上時，一般會顯示一段說明文字。這類說明文字可有可無，視情形而定。另一種情形則建議最好要有：當您在上述格式中的「檔案名稱」欄位指定要插入的檔案不存在時（例如，檔案名稱錯誤或是檔案被誤刪），或是因某種原因TiddlyWiki無法找到您指定的檔案時（例如，網路塞車），要有一段文字顯示出來作為代替。

要加入提示訊息，請將提示訊息文字加在檔案名稱之前，並用「|」符號將二者隔開。

‖ 格式 ‖

```
[img[提示文字|檔案名稱]]
```

◎提示文字：圖片提示訊息。
◎檔案名稱：要插入的圖片檔案名稱。

範例：

```
|>|>| 宋江 |h
|座次|1|[img[明 陳老蓮 木刻版畫《水滸葉子》宋江|so.jpg]]|
|星名|天罡星 |~|
|封號|武德大夫、楚州安撫使，兼兵馬都總管|~|
|出身|鄆城縣押司 |~|
|梁山職司|總兵都頭領|~|
|出場回目|第18回|~|
```

宋江	
座次	1
星名	天罡星
封號	武德大夫、楚州安撫使，兼兵馬都總管
出身	鄆城縣押司
梁山職司	總兵都頭領
出場回目	第18回

明 陳老蓮 木刻版畫《水滸葉子》宋江

在這個例子中，我們用提示文字來交代圖片的出處。

圖片與連結

圖形是一個很好的介面，對於一些與圖形相關的內容，與其用文字描述了半天，不如用一張圖形來表示它。但是，當讀者有興趣知道細節時，最好點選此圖形便可以將細節加以顯現出來。為了達成此一目的，我們需要在圖形中加入連結的功能。

要讓圖形具有連結功能，只要將連結之URL加在img標示中檔案名稱之後再以方括號加以括起即可。

‖ 格式 ‖

[img[檔案名稱][連結]]

或

[img[提示文字|檔案名稱][連結]]

◎提示文字：圖片提示訊息。
◎檔案名稱：要插入的圖片檔案名稱。

◎連結：當使用者點選插入的圖片時，所要連結的URL（可能是一個網址，或是一個檔案名稱）。

範例：

在這個範例中，我們在TiddlyWiki檔案所在的相同目錄中存放了兩個圖片檔案：

◎分鏡表.JPG：用於螢幕上提示的小檔案。

◎大分鏡表.JPG：給學生下載以供作業練習用的實際大小檔案。

因此，當學生點選表格中的分鏡表圖形時，便可以叫出大分鏡表，或是直接在分鏡表圖形上按右鍵點選「另存目標...」以進行大分鏡表的下載。

```
|動畫設計教材說明|c
| 課程材料 | 說明 |h
|[img[分鏡表(點選便可以下載)|分鏡表.JPG][大分鏡表.JPG]]|左圖
所示的是本學期動畫腳本設計所要使用的分鏡表格式，您可以點
選以下載該表。|
```

▶ 圖片的編排

　　前一節範例的圖片較大，因此，圖片的編排不是很重要。但是當圖片的大小在該列空間所佔的比例不是很大時，圖片的編排造成的文繞圖效果便顯得很重要。

　　TiddlyWiki提供的圖片編排功能相當直接簡潔：只要在img標示和前方「[」符號之間加入「＞」符號（三者之間不可有空格）則代表靠右編排；若加入的是「＜」符號，則是靠左編排。

範例：

　　在這個例子中，我們用運用TiddlyWiki建立了一套遊戲相關的知識庫，相關的圖片均集中存放於GameImages這個子目錄中。請注意圖片編排所造成的文繞圖效果。

[>img[GameImages/image008.png]]要加入一個事件，請點選{{{Add Event}}}按鈕，便可出現如下的視窗：
在這個視窗中，您便可點選您要加入的事件了。各事件說明如下：
[<img[GameImages/image010jpg]] CreateEvent
[<img[GameImages/image012.jpg]]DestroyEvent
[<img[GameImages/image014.jpg]]AlarmEvents
[<img[GameImages/image016.jpg]]StepEvents
[<img[GameImages/image018.jpg]]CollisionEvents
[<img[GameImages/image020.jpg]]KeyboardEvents
[<img[GameImages/image022.jpg]]MouseEvents
[<img[GameImages/image024.jpg]]OtherEvents
[<img[GameImages/image026.jpg]]DrawingEvent
[<img[GameImages/image028.jpg]]KeyPressEvents
[<img[GameImages/image030.jpg]]KeyReleaseEvents

要加入一個事件，請點選Add Event
按鈕，便可出現如下的視窗：
在這個視窗中，您便可點選您要加入的
事件了。各事件說明如下：

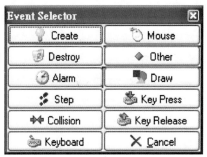

💡 CreateEvent
📋 DestroyEvent
🕐 AlarmEvents
💈 StepEvents
✛✛ CollisionEvents
🖼 KeyboardEvents
🕐 MouseEvents
◆ OtherEvents
🖼 DrawingEvent
🖼 KeyPressEvents
🖼 KeyReleaseEvents

▶. 調整圖片大小

　　img標示只能將圖片加入至詞條之中，至於圖片大小，並未提供調整的功能。因此，若需調整圖片大小，須以其他的方式來進行。

知識間的連結。

　　沒有知識是完全獨立的，各個知識之間可能會有相互參照、先後順序、涵蓋彼此等等的關係。因此，進行學理論述時，文獻探討以及引文所本便是一個相當重要的部份，甚至會影響到整體論述的品質以及可信度。而在知識庫的建置中，當我們所收集的資訊越來越多時，這些資訊之間的關聯整理，便是一件相當重要的工作。整理得好，形成了我們能夠加以有效掌握的架構，便可成為我們的知識。整理得不好，甚至只是雜亂的堆積於硬碟之中，能發揮的效用便大大的減色。

　　維基技術很重要的一點是，建立起來的知識庫內部可以很方便的交互連結參照。這項連結參照除了詞條之間外，還可以包括知識庫以外的資源，例如網際網路上的資源，或是電腦中的其他檔案夾等等。在這一章，我們便是要介紹這方面的功能。

▶. 名稱連結

在維基詞條中，以http:標示的網址將自動被當作超文本連結處理。因此，直接點選便可以進行連結。然而，這些網址往往只是一串相當長的字串，不僅佔空間也不易記憶理解。TiddlyWiki提供了一個稱為「名稱連結」的功能，讓您針對各個連結取一個容易理解的名稱，而將真正的網址加以隱藏起來。其基本格式如下：

[[代表字串|實際的URL]]

◎代表字串：出現在螢幕上的連結字串。

◎實際的URL：當連結字串被點選時，實際要連結過去的位址。

事實上名稱連結處理的（或是上述格式中的「實際的URL」）並不僅是http:以及網址而已，因此，在這裡需把URL作一個較完整的介紹。

URL是Uniform Resource Locator的縮寫，也被稱為網頁位址，是網際網路上標準的資源定址方式，它明確的定義一個資源在網路環境中的何處以及以何種方式才找得到。它將網際網路獲取資源的四個基本元素包括在一個簡單的位址當中，其格式如下：

傳送協議://伺服器:埠號/路徑

例如，「中時電子報」首頁的URL如下：

http://news.chinatimes.com/mainpage.htm

其中，

◎http是傳輸協議。

◎news.chinatimes.com是伺服器。

◎此處未指定伺服器上的網路埠號。

◎mainpage.htm是路徑。

大多數網頁瀏覽器並不要求使用者鍵入網頁URL中的http://部分，因為絕大多數網頁內容都是超文本傳輸協議文件。同樣的，超文本傳輸協議文件大多使用80作為傳輸埠號，因此一般也不必寫明。

傳輸協議除了瀏覽網頁常用的http外，還有其他的協議可資使用。茲將部分與知識庫建置管理較相關的傳輸協議整理說明如下表：

代表符號	傳輸協議
http	超文本傳輸協議
https	用安全機制傳送的超文本傳輸協議
ftp	檔案傳輸協議
mailto	電子郵件位址
file	當地電腦或網上分享的文件
news	Usenet新聞群組

路徑部分可以是結構式的路徑定義，不同部分之間要以斜線（/）分隔。

URL還可以在路徑後方加上一個井字（#）符號來連至資源內部的一個標示點。例如，前面在介紹詞條編輯功能表時，permalink指令的功用便是在當時TiddlyWiki的URL後面運用此機制來作為該詞條的URL。

活用URL此一觀念，便可以將知識庫內容的連結做出千變萬化的應用。

‖ 關於IE的一個問題 ‖

目前使用最多的瀏覽器軟體應該是微軟的IE（Internet Explorer），而IE的一個特性在此可能會造成一些麻煩。

在IE中進行詞條存檔時，詞條內容中連續的空格將會被縮短成一個空格，因此，如果您使用的連結URL中有空格的話，最好不要有連續的空格，否則存檔之後下次再讀回來時，便會因連結名稱與真正的詞條標題不同（空格數量不同）而造成連結失效。

事實上這個問題對於前面所介紹的功能或多或少都有一些影響，

例如，第4章藉由取消格式字元的功能以利用文字進行創意圖案編排時，往往因空格被濃縮而造成編排失敗。不過由於這些影響較小，故留待此處一併說明。

▶. 連至外部網站

要在詞條中加入對網際網路的連結，只要打上完整的網址，TiddlyWiki便會自動將它處理成超連結。

範例：

> 我的部落格網址如下：http://drsposh.blogspot.com/

我的部落格網址如下：http://drsposh.blogspot.com/

運用前面所介紹的名稱連結，我們也可將URL藏起來而建立一個具有描述功能的連結點。

範例：

```
|站名|評論|h
|[[中央社|www.cna.com.tw]]|我的評論(略)|
|[[中時電子報|www.chinatimes.com.tw]]|我的評論(略)|
|[[聯合新聞網|www.udn.com.tw]]|我的評論(略)|
```

站名	評論
中央社	我的評論(略)
中時電子報	我的評論(略)
聯合新聞網	我的評論(略)

在此例中，「中央社」便是「代表字串」，而其「實際的URL」為「www.cna.com.tw」。

檔案(F)　編輯(E)　檢視(V)　我的最愛(A)　工具(T)　說明(H)

上一頁　·　　·　×　2　　　搜尋　我的最愛　　　·　W　·　　·　　

網址(D)

連結至資料夾

進行檔案管理時，內部檔案結構並不需要讓使用者知道。對於非技術人員而言，所謂的檔案結構只是徒增困擾而已。因此，您可以針對存放檔案的資料夾路徑取一個有意義的名稱，然後建立一個連結以簡化所有的介面。

範例：

中國歷史研究輔助圖集：
[[朝代地圖集|d:\個人成長\歷史研究\歷朝地圖]]
[[主題地圖集|d:\個人成長\歷史研究\主題地圖]]
[[人物像集|d:\個人成長\歷史研究\人物圖像]]

中國歷史研究輔助圖集：
朝代地圖集
主題地圖集
人物像集

其實，只要將滑鼠游標移到任何一個連結上，便可以看出其中的真實情形：

中國歷史研究輔助圖集：
朝代地圖集
主題地圖集
人物像集

External link to d:\個人成長\歷史研究\歷朝地圖

一般的維基詞條

前面提及，只要符合維基字詞格式，或是運用雙層中括號的標示（[[詞條標題]]）便可以建立一個以括起的字詞為標題的詞條連結。然而，當知識庫內容逐漸加大時，這種作法常常會碰到幾個問題。而這些問題通常可運用前述名稱連結技巧中，將表面的「代表字串」以及實質的「實際的URL」加以區隔來解決。

‖問題一：詞條標題容易窄化‖

為了使詞條內容不致過於龐雜，一般的建議是一個詞條內容盡量僅包含一個小主題。加以考量在未來多個詞條整合成一份較大的文件的應用中，詞條能有最多重複運用的機會，而且標題文字須與前後文能融合，其結果便會造成各個詞條的標題將有如書本的最小章節之小標題一般，相當的特定而窄化。

針對此一問題，比較好的作法是使用較具獨立性或是較泛化的文字來當作詞條的標題，使得標題能代表內容，但標題文字仍能獨立存在而無前後文之影響。然後在需要引用該詞條的地方另外取一個與該位置前後文相關的文字敘述作為其「代表字串」來建立連結。如此一來，不同的地方都有各自貼切的連結標題，而這些連結字串均連結至同一份文件，而容易管理維護。

範例：

前面曾介紹過這一個詞條：

宋江		
座次	1	
星名	天罡星	
封號	武德大夫、楚州安撫使，兼兵馬都總管	
出身	鄆城縣押司	
梁山職司	總兵都頭領	
出場回目	第18回	

當我在寫一篇文章介紹梁山泊人物時，如果這一個詞條是屬於文章的一部分，它的詞條標題可能會是「表一、宋江基本資料」。為了與文章前後文相關性的需求，也為了這些詞條在詞條總管中順序的安排能方便一目了然，本詞條標題似乎適合用「表一……」這樣的字

眼編排。但就獨立與再用的角度考量，詞條標題設定為「宋江基本資料」應是較佳。因此，我們可以將該詞條的連結處設為：

```
[[表一、宋江基本資料|宋江基本資料]]
```

‖ 問題二：詞條標題會重複 ‖

知識庫建置時，相關的或是類似的資料可能都會有相同的資料欄位，這些欄位如果直接拿來作為詞條標題的話，就會造成許多標題的重複。同樣的，一項研究主題進行研究工作細分時，如果直接將分出的子項目建成詞條的話，可能也會造成詞條名稱的重複。

例如，在下例的課程資料中，為了避免畫面過於複雜，我們將「評分標準」、「學生名單」兩項分開建置，因此，進行相關課程內容查詢時，便只會看到如範例所示的畫面，而進行成績相關處理時，才需點選進入「評分標準」和「學生名單」詞條。

範例：

```
!課程資訊
''課程描述''
MULT 203 遊戲設計　大二2/0
本課程...(略)
MULT 203 Computer Game Desin 2/0
This exciting course ...(略)


!成績相關
[[評分標準]]
[[學生名單]]
```

課程資訊

課程描述
MULT 203 遊戲設計　大二2/0
本課程...(略)
MULT 203 Computer Game Desin 2/0
This exciting course ...(略)

成績相關

評分標準
學生名單

　　然而，在進行其他課程資料的建置時，也會需要「評分標準」和「學生名單」這兩個項目，因此，如果直接進行如上所示的連結處理，就會有詞條名稱重複而連結到同一個詞條去的情形。但是，為了操作的一致性考量，我們並不適合將詞條標題選用不同的名稱來作為連結。

　　針對這個問題，可以針對不同的需求各自建立其容易辨識的詞條，分別更新維護。但是在需要呈現給使用者進入連結的地方，則均採用相同的代表字串無妨。如此便可維持版面的清爽、一致。

範例：

　　將上例中的最後二列連結更改如下：

[[評分標準|遊戲設計2006秋評分標準]]
[[學生名單|遊戲設計2006秋學生名單]]

　　此時的顯示畫面與前一範例完全相同，只是點選「評分標準」這個詞條連結時，將連至「遊戲設計2006秋評分標準」詞條。

活用技巧。

經過前面幾個章節的介紹，您是否對於TiddlyWiki有了足夠的了解呢？雖然作者試圖用各種不同類型的範例來讓您感受到TiddlyWiki的彈性與應用之廣泛，但畢竟只是片段的說明，仍待您多加應用才能有更多的體會。

本章主要的目的有三個。第一個是比較進階性或是技術性的議題，這些議題不適合放在前述章節中介紹，主要是為了避免打亂您學習的興趣。相較於前幾個章節，這些議題雖然較技術些，但TiddlyWiki有一個很重要的優點是，所有的設定以及功能擴充都是以一個個詞條來完成的。換言之，進行系統設定與系統功能擴充時，所要做的工作其實都和編寫一個詞條差不多。第二個目的則是希望跳脫功能性的介紹，而從比較系統性的角度來介紹TiddlyWiki的活用方式。這部份其實是各使用者的創意發揮所在，也是軟體是否合用的最佳判斷依據。最後，如果您想對TiddlyWiki有更深入的了解，本章也介紹了一些進階研究的相關資訊。

▶. 善用目錄與標籤

　　TiddlyWiki左邊「主選單區」的功用有如百科全書的主題分類（Subjects），或是書本的目錄（Table of contents）一般。知識庫經過結構化的整理之後，可以按其主題或是您熟悉的分類結構在此建立適當的進入點。如果再加上<<tag>>巨集指令的運用（也就是說，以<<tag>>作為MainMenu這個詞條的內容，將來標籤名稱將會變成主選單區中選單項目，而貼有該標籤的詞條清單將會成為該選單項目的下拉式選項），便可以形成二層的主題架構。

　　由於在TiddlyWiki中，一個詞條可以貼上數個標籤，因此，可以由不同的主題角度來運用各個詞條的排列組合。在編寫報告或是圖書時，我們常遇見的問題是同樣一份資料或內容究應歸在哪一項主題或章節之下，往往因考量點不同而有差異。因此，TiddlyWiki主選單與標籤的結合，和書籍的目錄相較起來，TiddlyWiki的主題性分類顯然要比書籍強上許多。

範例：

　　以本書的內容為例。如果將本書各節均建為一條條的詞條，而且以該節的標題為詞條標題，然後將各節的詞條均貼上所屬章次的標籤，只要在MainMenu詞條中輸入如下所示的內容：

```
<<tag 前言>>
<<tag TiddlyWiki的基本操作>>
<<tag 詞條的編輯>>
<<tag 文字的格式化>>
<<tag 段落的格式化>>
<<tag 表格的處理>>
<<tag 圖片的處理>>
<<tag 內外的連結>>
<<tag 活用技巧>>
```

便可以將本書建為知識庫電子書，而其左側的主選單將成為：

▸. 提綱挈領：由上而下的技巧

對於具有特定主題的寫作時，一項需要掌握的技巧便是整體文章的架構。而就架構而言，常用的技巧便是由主題出發，先理出重要的論述骨幹，然後逐步衍生出各個需要補充加強的枝幹。例如，對於論文寫作而言，摘要、簡介、文獻探討、……乃至最後的參考文獻等等，其實整個的架構都是有很多現成的經驗可參考的。

此時，要如何運用TiddlyWiki以協助寫作工作的進行呢？

首先建立一個詞條作為文章的主體，詞條標題即是要撰述的文章主題。然後以腦力激盪的方式，不論鉅細，先列出所有需要涵蓋的主題，而不管其結構。

需涵蓋的主題收集得差不多了，再將這些主題全部用項目編號功能加以組合起來。這時，便須考量彼此間的邏輯架構關係：先後順序以及邏輯階層。經由此一整理工作之後，我們所掌握的資訊完整性便可以進行檢驗，也可以發現不足而需再收集資料之處。

架構完整之後，最後就是文字內容的補齊了。此時，僅需將各主題標題標示為連結項目，便可建立一個空的詞條以供我們進行細節論述的輸入。各連結項目出現的形式（粗體或斜體）更可以提醒我們該

主題是否已經撰寫內容。而進行任一主題內容撰述時，前述的技巧也可以加以運用而繼續發展出該主題的下一層論述架構，如此由主題出發，層層分解，直到所需的資料收集整理完成為止。

▲. 厚積薄發：由下而上的技巧

文章或報告撰述完成之後，我們往往就將整個檔案擱著，等到哪一天發現哪一部分有用時，再把檔案打開進行拷貝的動作，正如同您花了很多時間完成一項工藝品，展出完成後即將其收入庫房中，心想哪一天要用到哪一個零件時再去拆吧。此時往往就得考驗自己對於該作品內容與架構的記憶程度了。

有了TiddlyWiki，對於完成的文字成果，我們應該有一種新的應用方式。平時可將這些文字內容依個別的主題加以拆解，然後分別存放在不同的詞條當中。而這些詞條往往也會成為我們建置更完整的知識庫的起點。

同樣的，平時不論閱讀或是瀏覽網頁時，便隨手將覺得可能有用的資訊加以收集下來，建成一條條的詞條，並加入適當的詞條標題及標籤，這也是一項知識庫資源。

有了這些知識庫為後盾，將來要運用時，僅需建立主題詞條，然後在其中加入適當的連結與詞條引用（記得<<tiddler>>巨集指令嗎？），再加上一些起承轉合的文字即可。

這個做法的一個重要觀念便是，專案僅是一個整合體，知識本身才是收集、建置、整理、與管理的重點所在。

當知識庫內容有限時，前述「提綱挈領」的方法可能是我們運用TiddlyWiki的最佳方式。而一旦知識庫內容累積得越來越多，我們便會發現，所謂「厚積薄發」的效用將逐步展現其效力了。

▲. 後台功能表

如果您曾經整理自己的知識以電子形式與多人分享，或是工作上必須提供一個平台發布訊息的話，您應該碰過一個令人頭痛的問題：

不同的人對於使用介面的「親和性」定義有著不同的看法，如何安排
資訊呈現的方式以便使用者能覺得易於使用，往往需要花掉許多時間。

　　為了因應不同的使用者的不同需求，TiddlyWiki提供了第1章所介
紹的各項設定。此外，它還提供了其他有關功能加強（外掛程式）以
及介面更改等較技術性的調整功能。這些較技術性的調整功能均埋在
所謂的「後台功能表」中。點選知識庫標題區右上角的「backstage」
便可以叫出後台功能表如下：

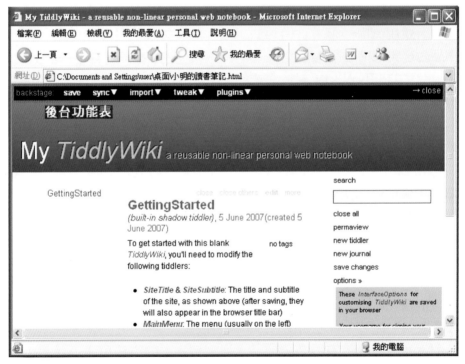

▲TiddlyWiki的後台功能表

　　當然，此時再點選右上角的「close」便可以退出後台功能表。列
在這裡的功能基本上是給知識庫管理者使用的功能，因此，當您是透
過網路（也就是在瀏覽器網址列中是以http://開頭）時，後台功能表的
進入點便不會顯示出來，因此一般的讀者便無法進入亂動，也不會因
為一堆功能表而覺得困惑。

接下來看看這些功能表各個項目的功能：

◎save：與螢幕右上方「主功能表」中的「save changes」指令相同，在此重複只是方便作業。

◎sync：同步作業。本書暫不予介紹，原因請參見本章最後一節。

◎import：將外部詞條加以匯入至本知識庫的功能，詳述於下一節「知識庫整合」中。

◎tweak：開啟「進階選項設定」功能，已於第1章介紹過，不再重複。

◎plugins：外掛程式的管理，詳述於下面「擴充套件」一節中。

▶. 知識庫整合

　　知識庫內容的來源五花八門，甚至可能由不同人於不同的時間地點進行建置。不論是何原因，知識庫的內容有可能需要進行搬遷與整合。在TiddlyWiki後台功能表中有一個「import」指令，其工作便是進行詞條的匯入工作。首先我們來看看不同知識庫間的詞條如何運用此一功能進行整合與分享。

‖ 匯入詞條 ‖

　　我們直接拿一個例子來解釋詞條匯入的方法與步驟。首先，下圖所示的是我們現在已建立的知識庫內容清單：

Timeline All Tags More

All tiddlers in alphabetical order
維基百科

▲初始知識庫詞條

　　現在開始進行目標知識庫詞條的匯入。TiddlyWiki將整個匯入工作分成四個步驟，並一一進行提示。

　　點選TiddlyWiki後台功能表中的import指令，ImportTiddlers這個

詞條便會開啟，此詞條在import指令下方中出現如下所示的畫面，要
求您輸入要匯入的目標知識庫之URL：

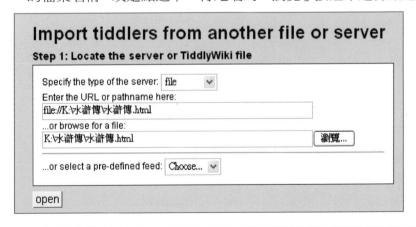

Import tiddlers from another file or server
Step 1: Locate the server or TiddlyWiki file

Specify the type of the server: Choose... ▾
Enter the URL or pathname here:

...or browse for a file:
瀏覽...

...or select a pre-defined feed: Choose... ▾

open

▲步驟一：選擇要匯入的知識庫

各欄位處理方式如下：

◎Specify the type of the server：於後端的下拉式功能表中點選
　「file」。

◎Enter the URL or pathname here：您可以直接在下面的方格中
　填入目標知識庫的URL，或跳至下一項。

◎...or browse for a file：直接在此下面的方格中填入目標知識庫
　的檔案名稱，或是點選下一行尾端的「瀏覽」按鈕來進行點選。

Import tiddlers from another file or server
Step 1: Locate the server or TiddlyWiki file

Specify the type of the server: file ▾
Enter the URL or pathname here:
file://K:\水滸傳\水滸傳.html

...or browse for a file:
K:\水滸傳\水滸傳.html
瀏覽...

...or select a pre-defined feed: Choose... ▾

open

　　完成URL輸入或是檔案點選如上示畫面之後，按下表格左下方的「open」按鈕。

　　接著，TiddlyWiki會要求您指定工作空間的位置，直接到「...or select a workspace:」後面的下拉式選項中點選「(default)」這個選項使用系統預設值如下圖所示即可，然後點下「open」按鈕。

Import tiddlers from another file or server
Step 2: Choose the workspace

Enter a workspace name:
(default)

...or select a workspace: Choose... ▾

open

▲步驟二：指定工作空間

　　此時TiddlyWiki便開始掃瞄目標知識庫的內容，在Internet Explorer中，有時會同時出現如下的訊息：

Microsoft Internet Explorer

⚠ 您確定要離開這個網頁瀏覽？

There are unsaved changes in TiddlyWiki. If you continue you will lose those changes

----

請按 [確定] 繼續，或按 [取消] 停留在目前的網頁。

確定　　取消

　　這是個誤動作，只需點選「取消」按鈕繼續進行即可。而在Firefox中，則可能會出現要求授權的畫面：

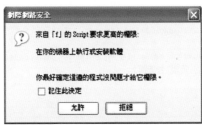

網際網路安全

❓ 來自「f」的 Script 要求更高的權限：
　　在你的機器上執行或安裝軟體

你最好確定這邊的程式沒問題才給它權限。

☐ 記住此決定

允許　　拒絕

檔案(F)　編輯(E)　檢視(V)　我的最愛(A)　工具(T)　說明(H)

上一頁　　　　　　搜尋　　我的最愛

網址(D)

點選「允許」繼續進行。

TiddlyWiki會將目標知識庫的詞條清單以一個表格全部加以列出
如下圖所示：

Import tiddlers from another file or server

Step 3: Choose the tiddlers to import

	Tiddler	Size	Tags
☐	CkUserName ↓	59 B	excludeLists excludeSearch
☐	DefaultTiddlers ↓	2 B	excludeSearch excludeLists
☐	LegacyStrikeThroughPlugin ↓	826 B	systemConfig excludeSearch excludeLists
☐	MainMenu ↓	148 B	excludeSearch excludeLists
☐	第68回 ↓	5 KB	第61-70回
☐	第69回 ↓	5 KB	第61-70回
☐	第70回 ↓	6 KB	第61-70回
☐	說明 ↓	478 B	參考資料

☑ Keep these tiddlers linked to this server so that you can synchronise subsequent changes

☐ Save the details of this server in a 'systemServer' tiddler called:

(default) on file://K:\水滸傳\水滸傳.}

cancel　import

▲步驟三：選取欲匯入之詞條

請將您要匯入的詞條前方的方塊點選為選取狀態，並將表格下方
的二個選項均點選為否，如下圖（在此例中，我們要匯入的詞條標題
為「說明」）。

☐	第70回 ↓	6 KB	第61-70回
☑	說明 ↓	478 B	參考資料

☐ Keep these tiddlers linked to this server so that you can synchronise subsequent changes

☐ Save the details of this server in a 'systemServer' tiddler called:

(default) on file://K:\水滸傳\水滸傳.}

cancel　import

接著點選詞條清單下方的「import」按鈕，TiddlyWiki便開始進行被選中詞條的匯入工作。匯入完成後，在功能清單下會出現如下的訊息來回報成功匯入的詞條名稱，您可點選「done」按鈕回到步驟一繼續做下一個匯入動作。在任一步驟中，您可以隨時點選「cancel」按鈕，或是點選TiddlyWiki畫面中匯入功能表之外的其他部份，以放棄進行中的匯入動作。

Import tiddlers from another file or server

Step 4: Importing 1 tiddler(s)

說明

done   All tiddlers imported

▲步驟四：回報匯入成功

在此例中，回頭檢視「詞條總管」的清單，我們發現「說明」這個詞條已經成功的成為我們知識庫的一部份了。

Timeline **All** Tags More

All tiddlers in alphabetical order
維基百科
說明

▲新知識庫內容

您可重複前述的步驟一一將需要的詞條內容加以匯入，全部完成後，點選畫面的其他部分將ImportTiddlers詞條關閉即可。

‖ 擴充系統功能 ‖

ImportTiddlers匯入詞條的功能不僅能增加知識庫的內容，也能用以匯入畫面佈景主題以及匯入巨集指令等擴充套件，以擴充系統的功能。這些功能將在稍後進行詳述。

▶. 發表知識庫

　　到目前為止，我們對於知識庫的建立與運用均強調「本地性的應用」。換言之，我們建立的知識庫是在我們的硬碟之中，或是存放於隨身碟中帶著走。但，是否有可能將它放在網路上呢？當然有！但要看您上網的目的為何。

‖ 知識分享為目的 ‖

　　如果您將知識庫放上網路是以知識分享為目的，所需做法就很簡單，只需找一個網路空間（例如，個人網頁）將整個 .html檔案放上去即可。此時，網頁瀏覽者只要點選您的檔案，便可以進入您的知識庫了。不過，如同我們在第2章介紹「進階選項設定」時所說明的，「Hide editing features when viewed over HTTP」這個選項是用以設定：「當您將知識庫放到網路上讓大家透過網路來觀看時，是否要將編輯的功能去掉？」也就是說，只能看不能編輯。預設值是要去掉。當此選項被打勾時，網路瀏覽時的畫面和您自己單機使用時畫面的差異便是詞條功能表中的「edit」項目將變為「view」，讀者可以看到您的知識庫內容，但不能改動。

　　此外，TiddlyWiki還有一項貼心的設計。當您在「進階選項設定」中「Generate an RSS feed when saving change」這個項目設定打勾時，系統會自動將最近修改過的詞條內容拷貝一份並編寫成RSS 2.0格式的檔案，此檔案的名稱與TiddlyWiki的檔案相同，只是其延伸檔名為「.xml」。就我們的例子「小明的讀書筆記.html」而言，這個自動產生的檔案便將是「小明的讀書筆記.xml」。然後將此一檔案傳送到您指定的發表地點去。讀者只要透過RSS閱讀軟體，並在該軟體中訂閱您的RSS檔案，您的知識庫內容的每一次更動他都會盡快得知。請注意，要運用此功能，您必須先將SiteUrl這個詞條的內容設為你要發表TiddlyWiki知識庫的位置之URL，而且SiteURL詞條中的此URL前後均不能有空格或空行。

RSS（Really Simple Syndication）是一種可以將資訊同步發送給客戶端程式的機制，透過這個機制，我們只要安裝一個客戶端瀏覽程式（稱為RSS閱讀軟體），便可以針對我們有興趣或關心的網站或部落格進行訂閱、及時獲得最新更動消息等種種的服務。在網站或部落格中，如果畫面上有出現「RSS」或 XML 、 RSS 等符號，便表示我們可透過RSS機制來訂閱該網站的內容。RSS閱讀軟體相當的多，網路上均可找到許多免費而好用的版本。唯一要注意的只是其對中文支援的程度而已。

‖ 方便編輯為目的 ‖

另一個將知識庫放上網路的目的是為了方便編輯，可能是希望隨時隨地有電腦就可以編輯而不必帶著檔案到處跑，另一種可能則是希望能讓多人同時上去編輯。

如同本書一開始就說明的，TiddlyWiki之所以輕薄短小，不用伺服器便可操作，主要是因為它是針對個人單機用途而設計的。因此，此處的多人編輯必須先有個理解，它是將檔案放在網路上的一個地點（伺服器網站），用帳號密碼加以保護起來，知道這個帳號密碼的人便可以去修改編輯它。但，

◎知道帳號密碼的人便可以對整個知識庫做「完全的」處理，包括刪除。

◎任何時間，僅能有一人對知識庫內容進行編輯修改。

其中限制十分容易理解，畢竟它還是單機操作的軟體，所謂伺服器網站只是提供存放空間（當然連帶附一把鎖：帳號、密碼），我們能對它做的動作跟我們單機操作時的限制並無差異。因此，如果您要進行多人編輯，務請慎重。

提供TiddlyWiki伺服器服務的網站並不少，其中免費的可以到TiddlySpot（http://tiddlyspot.com/）網站去登記使用。

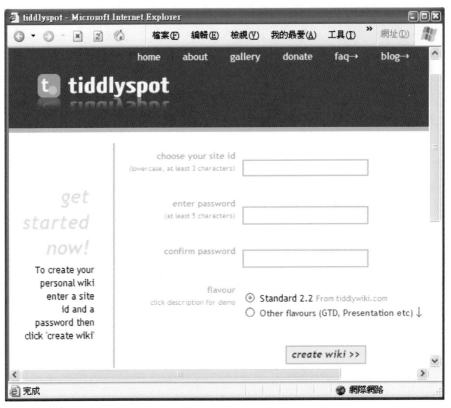

▲TiddlySpot首頁

➤ 擴充套件

除了TiddlyWiki本身所提供功能之外，許多人也為它寫了一些增加功能的「擴充套件」。擴充套件包括「外掛程式」（plugin）以及「功能調適」（adaptation）。所謂外掛程式，其實是一個內容為JavaScript程式、標籤為systemConfig的詞條。每次TiddlyWiki載入這類外掛程式時，便會執行其中的JavaScript程式碼，因此便可以擴充TiddlyWiki的功能。網路上便可以找到這些套件的蹤跡。問題是，如何加以納入運用？

　　這些擴充套件基本上可以分成兩種，如果是能夠直接用來擴充
TiddlyWiki功能的，便稱為「外掛程式」。而如果是提供除了內建巨
集之外的其它擴充巨集功能，則稱為「自訂巨集」。

　　要在您的TiddlyWiki中加入套件以供應用的方法之一是，先找到
該套件詞條的所在，然後點選importTiddlers指令來將該詞條加以匯
入。

　　另一種在您的TiddlyWiki中加入套件的方法是直接將程式碼抄進
來，然後加以建成外掛程式。步驟如下：

1. 在TiddlyWiki開啟一個新的詞條，取個適當的標題，然後將找到的
   擴充套件程式碼（一串Javascript）複製到詞條內容裡面去。
2. 在此詞條的標籤區填入systemConfig 標籤。
3. 完成詞條編輯，然後點選主功能表的「save changes」後，重新整理
   網頁。大功告成！！

　　有一些套件的功能較複雜，並非完成匯入之後便可成功執行。您
必須在完成匯入後點選主功能表的「save changes」加以存檔，然後點
選瀏覽器的 🔄 重新整理網頁加以重新載入，或是離開TiddlyWiki再重
新進入才可。

　　‖ 尋找套件 ‖

　　TiddlyWiki網站整理了一些TiddlyWiki可用的擴充套件，可以作
為參考選用。然而必須提醒的是，各個套件成熟度不一，對於系統也
多多少少會造成負擔，因此，須斟酌是否安裝。

　　在TiddlyWiki首頁中，外掛程式網站是收錄在數個貼有「system-
Server」標籤的詞條之中。因此，您只要到TiddlyWiki首頁的詞條總
管中，點選「Tags」書籤之後，找到「systemServer」標籤加以點
選，便會出現如下圖所示的清單：

systemServer (12)

Open all

BidiXTWServer

BobsPluginsServer

Gimcrack'dServer

JacksTiddlyWikiServer

LewcidTWServer

MartinsPluginsServer

MonkeyPirateTWServer

PeachTWServer

PrinceTiddlyWikiExtensionsServer

RedMountainVistaServer

TiddlyStylesServer

TiddlyToolsServer

Open tag 'systemServer'

▲TiddlyWiki首頁所記錄的擴充外掛程式網站清單

　　點選任何一家，便可以開啟TiddlyWiki所記錄關於該網站的資訊。例如，我們點選TiddlyToolsSever這一條，開啟其詞條內容如下：

TiddlyToolsServer

JeremyRuston, 26 September 2006(created 11 November 2005)

URL:	http://www.tiddlytools.com/
Description:	Small Tools for Big Ideas!
Author:	*EricShulman*

由這個詞條內容，我們得到TiddlyTools的網址為http://www.tid-dlytools.com/，直接點選詞條中的網址連結，便可以進入TiddlyTools網站的首頁了：

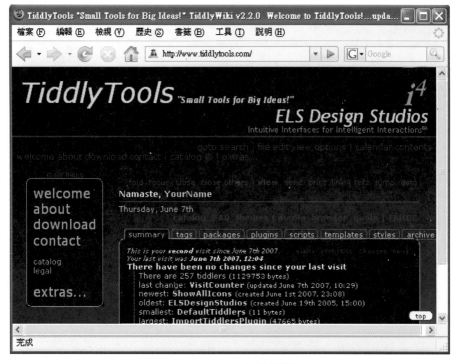

▲TiddlyTools網站首頁

進入外掛程式網站的目的是尋找我們認為有用的外掛程式，因為網站中對於各外掛程式應該有較詳細的說明。在TiddlyTools網站中，點選「plugins」書籤進入外掛程式清單，我們發現一個ExportTiddlersPlugin外掛程式可以做詞條的匯出。標準的TiddlyWiki只提供詞條匯入的功能，此匯出功能應該對我們有用。點選畫面中PluginManager表格中的ExportTiddlersPlugin，連結進去看看它的詳細說明：

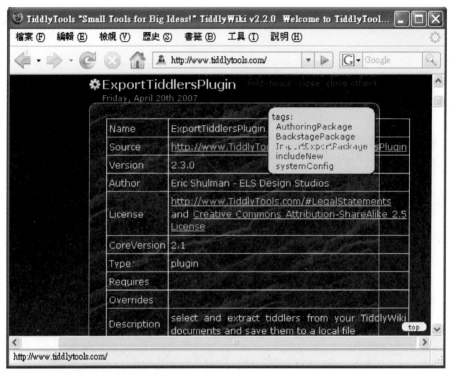

▲ExportTiddlers Plugin外掛程式的說明

在這個說明中，最重要的除了了解其功能是否符合我們的要求之外，還要留意如下的幾個欄位：

◎CoreVersion：如果這個欄位存在且有指定值的話，必須注意這裡所列的版本要求是否高於我們手中的TiddlyWiki版本號碼。如果是的話，表示我們的TiddlyWiki將無法執行它，下載也沒用。在此例中，此欄位的值為2.1，而我們所用的TiddlyWiki版本為2.2.0，因此沒問題。

◎License：此外掛程式的版權政策，我們能做怎樣的運用。在此例中採取的是Creative Commons Attribution-ShareAlike 2.5 License，因此拿來自用不會有智財權的問題。

◎Inline interface (live)：此外掛程式的操作畫面。

在這個例子中，ExportTiddlersPlugin的條件均符合我們的要求，因此，記下其外掛程式名稱後便可以離開。

回到我們的TiddlyWiki之後，便可以運用前面所介紹的詞條匯入功能將我們所選的外掛程式加以匯入了。

同樣的步驟您可以用來尋找其他合用的外掛程式並加以匯入，只要記住該外掛程式所在網站的URL及外掛程式名稱即可。

‖ 匯出詞條 ‖

TiddlyWiki提供了詞條匯入的功能，方便我們做知識庫的整合。然而，在許多情形下我們也需要進行知識庫的分解。例如，為效率考量將太大的知識庫分解為若干小的知識庫、取出知識庫的一部分以供特定用途、完成一份報告後，將其中可再用的部分匯出成為獨立的檔案，然後再匯入至適當的知識庫中等等。因此，詞條的匯出是一個有用的功能。在前一節中，我們找到了此一擴充套件，位於TiddlyTools（URL: http://www.tiddlytools.com）的ExportTiddlersPlugin套件。要應用它，第一件事情是先把它匯入。因此，點選後台功能表的import指令，在前述步驟1的各參數填寫如下：

◎Specify the type of the server：選「file」。

◎Enter the URL or pathname here：：輸入「http://www.
tiddlytools.com」。

◎點下「open」按鈕。

進入步驟2，處理如下：

◎...or select a workspace：點選「(default)」。

◎點下「open」按鈕。

電腦忙一陣子之後，進入步驟3，出現一個長長表格，進行下列處理：

◎在「Tiddler」這一欄找到「ExportTiddlersPlugin」，將其前方的小方格點選成打勾狀態。

◎表格下方的「Keep these tiddlers linked to this server so that you can synchronise subsequent changes」前方的小方格點選成未打勾狀態。

◎表格下方的「Save the details of this server in a 'systemServer' tiddler called:」前方的小方格保持未打勾狀態。

◎點下「import」按鈕。

完成匯入後，進入步驟4，點選「done」按鈕，然後在功能表格之外的任何一個位置點一下離開import指令。此時，您會發現ExportTiddlersPlugin出現在詞條總管的清單之中了。

接著，點選「save changes」功能表項目，再重新整理網頁，此一外掛程式便已安裝完成。

接著我們要做一些使用介面的安排，以利後續的使用。首先到詞條總管的「More」書籤下，點選「Shadowed」書籤，再點選「SideBarOptions」詞條連結，如右圖：

Timeline All Tags **More**

Missing Orphans Shadowed

Tiddlers shadowed with default contents
AdvancedOptions
ColorPalette
DefaultTiddlers
EditTemplate
GettingStarted
ImportTiddlers
MainMenu
MarkupPostBody
MarkupPostHead
MarkupPreBody
MarkupPreHead
OptionsPanel
PageTemplate
PluginManager
SideBarOptions
SideBarTabs
SiteSubtitle
SiteTitle
SiteUrl
StyleSheet
StyleSheetColors
StyleSheetLayout
StyleSheetLocale
StyleSheetPrint
TabAll
TabMore
TabMoreMissing
TabMoreOrphans
TabMoreShadowed
TabTags
TabTimeline
ViewTemplate

▲Shadowed詞條清單

「SideBarOptions」詞條開啟後，我們便會發現其內容即是主功能表清單。我們的目標是希望在主功能表的「save changes」和「options »」之間加入一條「ExportTiddlers」指令。

SideBarOptions
YourName, 7 June 2007 (created 7 June 2007)

| search | | close | no tags |

all　permaview　new tiddler　new
journal　save changes　options »

▲SideBarOptions詞條內容

進入此詞條的編輯模式，其內容如下：

```
<<search>><<closeAll>><<permaview>><<newTiddler>>
<<newJournal "DD MMM YYYY">><<saveChanges>><<sl
ider chkSliderOptionsPanel OptionsPanel "options »" "Change
TiddlyWiki advanced options">>
```

　　在詞條內容的<<saveChanges>>和<<slider中間加入[[export tiddlers]]文字，變成：

```
<<search>><<closeAll>><<permaview>><<newTiddler>>
<<newJournal "DD MMM YYYY">><<saveChanges>>[[export
tiddlers]]<<slider chkSliderOptionsPanel OptionsPanel "options
»" "Change TiddlyWiki advanced options">>
```

　　完成編輯，離開編輯模式，我們發現「SideBarOptions」詞條變成：

SideBarOptions

YourName, 7 June 2007 (created 7 June 2007)

| search | | close | no tags |

all　permaview　new tiddler　new

journal　save changes　*export tiddlers*　options »

將其關閉離開，主功能表的畫面也同步變為：

search

close all

permaview

new tiddler

new journal

save changes

export tiddlers

options »

　　點選功能表中export tiddlers這個項目，您會發現export tiddlers
這個詞條會被開啟，並告訴您此詞條尚未定義。將此詞條的內容更改
如下：

```
<<exportTiddlers inline>>
```

　　結束export tiddlers詞條的編輯工作，退出編輯模式，您馬上會發
現該詞條的顯示變成一個表格介面，表示大功告成。若未出現如下畫
面，請注意重新檢查詞條標題與輸入文字大小寫的不同。

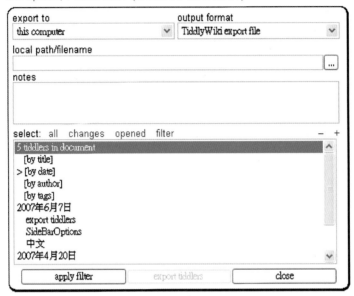

export tiddlers
Dr. Sposh, 7 June 2007 (created 7 June 2007)

export to	output format
this computer ▾	TiddlyWiki export file ▾

local path/filename

[   ] [...]

notes

[   ]

select: all   changes   opened   filter   − +

5 tiddlers in document
  [by title]
> [by date]
  [by author]
  [by tags]
2007年6月7日
  export tiddlers
  SideBarOptions
  中文
2007年4月20日

| apply filter | export tiddlers | close |

▲匯出詞條功能介面

　　而在功能表中，我們也可發現export tiddlers這個項目已由尚未定義的斜體變成完成定義的正體了：

search

[   ]

close all

permaview

new tiddler

new journal

save changes

export tiddlers

options »

▲完成ExportTiddlerPlugin安裝設定的功能表

以下就來解釋匯出詞條的步驟。

首先，點選完成ExportTiddlerPlugin安裝設定的功能表中的「export tiddlers」項目，在內容顯示區便會出現前面所示的「匯出詞條功能介面」。接著請依下述步驟進行：

1. 在export to下拉式選單中點選詞條匯出後的存放位置，可選擇的內容包括：

　◎this computer：使用中的電腦，一般使用此選項。

　◎web server (http)：上傳至網路伺服器。

　◎secure web server (https)：上傳至採用安全協定（secure protocal）的網路伺服器。

　◎file server (ftp)：上傳至檔案伺服器。

2. 在output format下拉式選單中選取詞條匯出後的儲存格式，可選擇的內容有：

　◎TiddlyWiki export file：TiddlyWiki的匯出檔。

　◎TiddlyWiki document：TiddlyWiki的文件格式，一般選用此選項。

　◎RSS feed (XML)：可供RSS閱讀器讀取的XML格式。

3. 在local path/filename後的方格中輸入匯出檔案所要使用的檔案名稱。

4. 在select清單中選取要匯出的詞條。請注意，您可運用Ctrl或Shift鍵以進行多重選擇。清單中的詞條可以選擇「依詞條標題排列」（by title）、「依最後編輯日期排列」（by date）、或是「依作者排列」（by author）。此外，系統還提供幾個功能選項供您做快速選擇之用，包括：

　◎all：全選。

　◎changes：選取此次修改過的詞條。

　◎opened：選取目前處於開啟狀態的詞條。

　◎filter：以組合規則來篩選要選取的詞條。點選此選項時，相關的篩選規格（selection filter）清單便會出現在詞條（select）清單

下方。（請注意，此時TiddlyWiki可能會問您是否要離開這個網頁瀏覽，請點選「取消」即可。）可用的篩選規則有多個，點選要指定的規則時，相關的屬性設定欄位便會出現。完成欄位填寫後，點選「apply filter」按鈕便可以進行規則篩選。可用的篩選規則如下：

◇starting date/time：指定一段期間的日期/時間起點。

◇ending date/time：指定一段期間的日期/時間終點。

◇match tags：指定所貼的標籤。

◇match titles/tiddler text：指定詞條標題以及內容須包含的關鍵字。

5.按下「export tiddlers」按鈕，選取的檔案便會匯出至你指定的位置之檔案中。

‖ 外掛程式的管理 ‖

在後台功能表中的「plugins」項目乃是外掛程式的管理入口，我們在此對它作一說明。和其他設定一樣，這個管理程式其實也是一個詞條。

點選plugins以下拉式功能表的形式開啟該詞條於plugins的下方，如果當時TiddlyWiki並沒有外掛程式存在，該詞條的內容會是：

Manage plugins
Currently loaded plugins

There are no plugins installed

如果有外掛程式存在，則這些外掛程式便會以下面所示的格式來列出：

Manage plugins
Currently loaded plugins

	Tiddler	Size	Forced	Disabled	Loaded	Startup Time	Status	Log
☐	ExportTiddlersPlugin ↓	40 KB	☐	☐	Yes	16ms		
☐	LegacyStrikeThroughPlugin ↓	770 B	☐	☐	Yes	0ms		

remove systemConfig tag ｜ delete

　　在這個例子中，我們的知識庫系統存在著兩個外掛程式，分別是
ExportTiddlersPlugin及LegacyStrikeThroughPlugin。各個外掛程式
右方有幾個選項供您進行處理：

　　◎Forced：加貼「systemConfigForce」標籤來強制本外掛程式一
　　　定會被執行。

　　◎Disabled：加貼「systemConfigDisable」標籤來不准本外掛程
　　　式執行。

　　此外，也有幾個訊息欄位來顯示各個外掛程式的狀況：

　　◎Size：外掛程式的大小。

　　◎Loaded：本外掛程式是否已載入至記憶體中（但尚不能執
　　　行）。

　　◎Startup Time：本外掛程式啟動的時間，0ms代表與TiddlyWiki
　　　的啟動時間點同步。

　　◎Status：本外掛程式是否正常。

　　◎Log：系統的一些紀錄事項（例如已載入但尚未安裝）。

　　外掛程式名稱前方的勾選方塊則是供您選取要進行較大處理的對
象。所謂較大處理，可以點選下方的按鈕來進行，包括：

　　◎remove systemConfig tag：前面說明過，所謂的外掛程式其實
　　　便是貼附有systemConfig標籤而內容為JavaScript程式碼的詞
　　　條。因此，此指令將移除被點選的詞條的systemConfig標籤，
　　　其意義便是將該詞條重新設定為一般性詞條而不再是外掛程

式。

◎delete：將被選中的外掛程式（詞條）永遠刪除。刪除後這些外掛程式仍暫時會列在清單中，只是變成斜體字。一旦您儲存編輯成果之後，這些清單內容便會清除。

‖ 安全模式 ‖

當您覺得可能因為安裝了哪個擴充套件而導致TiddlyWiki不穩時，您可以選擇以「安全模式」來進行知識庫的開啟。只要在瀏覽器輸入TiddlyWiki知識庫的URL時，在尾端加入「#start:safe」字串即可。例如，「小明的讀書筆記.html」將變為「小明的讀書筆記.html#start:safe」。在安全模式下，所有的擴充套件將禁止執行，也不准對「餅乾」（cookies）進行讀或寫。進入安全模式之後，便可針對懷疑的擴充套件進行編輯處理。當然，刪除擴充套件最直接的方法便是將該套件所在的詞條刪除掉即可。

▶. 自訂畫面

當然，運用同一套工具建立起來的知識庫長相都是一致的，如果您希望自己的知識庫外觀能有一點變化，加上一點個人風格，最簡單的方法就是套用現成的不同佈景主題。另一個可能會想要去變更畫面顯示效果的原因是，因為這些軟體本來就是西方語文系統的人士所設計的，因此，其畫面效果（例如，文字大小、文字間距、文字字型、……等等）對於中文字來說可能並不是很好。加上如果我們的知識庫是要在我們可控制的環境（放到網路上去則是另一種考量）下執行，我們安裝了那麼多中文字型似乎也該讓它發揮一下效果。不論是何理由，變更畫面效果是一個個性化的展現方式。

‖ 套用現成的佈景主題 ‖

佈景主題除了畫面美觀、有個性化之外，一個重要的不同點是版面的安排會有不同的設計。仔細觀察之後，也許您會找到更適合您使

用習慣的佈景主題。要套用現成的佈景主題，可以到TiddlyWiki佈景
主題網站（TiddlyThemes網站，網址為http://tiddlythemes.com/）
去選用、下載不同的佈景主題畫面。下圖所示的便是TiddlyThemes網
站的首頁。

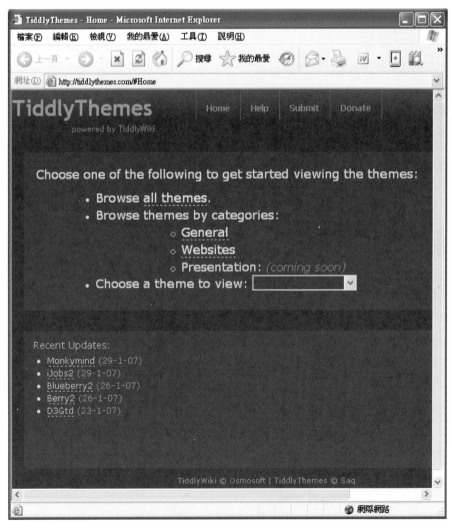

▲TiddlyThemes首頁

佈景主題首頁提供的佈景主題相當的多，而且隨時在更新中。最簡單的方式當然是「走著瞧」進行挑選了。點選「Browse all themes」連結，便會進入佈景主題展示畫面：

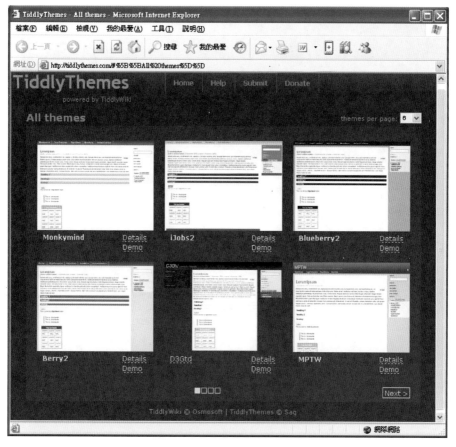

▲佈景主題畫面展示

　　利用右下角的 Next> 以及左下角的 <Previous 按鈕，便可以將所有佈景主題瀏覽一遍。選中了，點選該佈景主題畫面右下方的Details 連結，進入該佈景主題的詳細說明畫面。例如，假設我們選中了上述畫面中的Berry2佈景主題，點選其介紹畫面下的Details 連結，便可進入其說明畫面，然後點選Installation » 連結之後，我們將得到如下所

示的說明畫面：

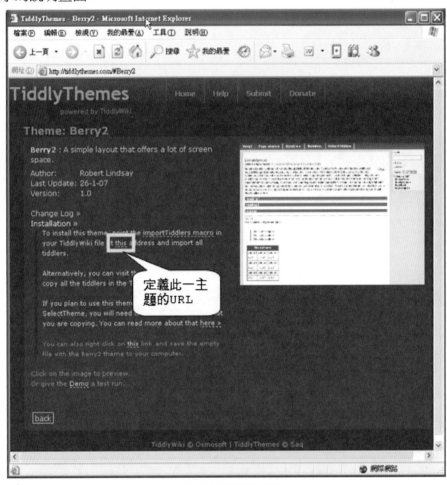

▲佈景主題說明畫面

　　在此說明畫面中，最重要的是畫面中間安裝說明裡的<u>this</u> 此一連結所代表的URL。將滑鼠游標移上去之後，按下滑鼠右鍵，選擇突現功能表中的「複製捷徑」將其URL複製下來。接著，按照前面所介紹的「匯入詞條」方式，將此URL填入步驟一所需的URL方格中（在此例為http://tiddlythemes.com/empties/Berry2html），而在步驟三中點選所有的詞條加以匯入即大功告成了。

‖ 修改字型大小及顯示間距 ‖

要自行進行詞條顯示效果的修改，必須針對TiddlyWiki相關的CSS模板進行修改。因此，如果要更動的幅度較大的話，建議您先對CSS有足夠的了解。不過，CSS的介紹並非本書的目的，在此我們將僅介紹一些較容易完成也較安全的部份。主要是字型的大小、顏色、以及字體等等。

首先到「詞條總管」的「More」書籤的下一層書籤「Shadowed」的清單中，點選StyleSheetLayout這個詞條加以開啟。

Timeline All Tags **More**

Missing Orphans Shadowed

Tiddlers shadowed with default
contents
AdvancedOptions
ColorPalette
DefaultTiddlers
EditTemplate
GettingStarted
ImportTiddlers
MainMenu
MarkupPostBody
MarkupPostHead
MarkupPreBody
MarkupPreHead
OptionsPanel
PageTemplate
PluginManager
SideBarOptions
SideBarTabs
SiteSubtitle
SiteTitle
SiteUrl
StyleSheet
StyleSheetColors
StyleSheetLayout
StyleSheetPrint
TabAll
TabMore
TabMoreMissing
TabMoreOrphans
TabMoreShadowed
TabTags
TabTimeline
ViewTemplate

在開啟的詞條中，首先找到body這個段落，其內容如下：

```
body {
    font-size: .75em;
    font-family: arial,helvetica;
    margin: 0;
    padding: 0;
}
```

這是整個知識庫的基本字型設定，至於其他各個區域中，只要沒有特別指定要更改設定的部份，便是使用此處的設定值。其中：

◎font-size: 右方的數據代表字型大小，如果覺得螢幕上的字體太小了，可將此一數值加大。例如，對中文字而言，0.85便相當適宜。

◎font-family: 右方的字詞為使用的字型名稱。您可改用自己喜歡的中文字型，例如，「標楷體」。

‖ 改變顏色配置 ‖

要變更TiddlyWiki的顏色配置，首先，您要到「詞條總管」的「More」書籤的下一層書籤「Shadowed」的清單中，點選ColorPalette這個詞條加以開啟。此詞條的預設內容為：

```
Background: #fff
Foreground: #000
PrimaryPale: #8cf
PrimaryLight: #18f
PrimaryMid: #04b
PrimaryDark: #014
```

```
SecondaryPale: #ffc
SecondaryLight: #fe8
SecondaryMid: #db4
SecondaryDark: #841
TertiaryPale: #eee
TertiaryLight: #ccc
TertiaryMid: #999
TertiaryDark: #666
Error: #f88
```

您可以編輯詞條中的顏色數值來變更TiddlyWiki的顏色配置，使用的方式均為#RGB值。至於各個顏色的影響範圍，請見下表的說明：

變　　　數	顏色值影響範圍
Background	整份文件的背景； 知識庫標題； 知識庫副標題；
Error	錯誤訊息的標示；
Foreground	文字；
PrimaryDark	主功能表的文字； 詞條功能表的按鈕；
PrimaryLight	標題區的漸層；
PrimaryMid	主選單區的文字； 連結文字； 詞條與標籤清單中的文字； 標題區的底色；
PrimaryPale	基本選項設定區的背景；
SecondaryDark	詞條標題；

變　　　數	顏色值影響範圍
SecondaryLight	滑鼠滑過詞條功能表項目時，該功能表項目要呈現的顏色； 滑鼠滑過主功能表項目時，該功能表項目要呈現的顏色；
SecondaryMid	表格欄位標題； 完成存檔之提示訊息； 被點選的詞條功能表項目；
SecondaryPale	當詞條內容為程式碼，且以帶有滑動拉桿的編輯框開啟時，編輯框的底色；
TertiaryDark	詞條標題中的創建者； 詞條標題中的時間戳記；
TertiaryLight	主功能表項目的邊框；
TertiaryMid	詞條總管中，未被點選的控制書籤；
TertiaryPale	詞條總管的顏色； 詞條中標籤的按鈕；

‖ 善用樣板 ‖

在前面不同的章節中，為了不同的目的我們曾經修改了像StyleSheetColors（變更顏色）、StyleSheetLayout（變更畫面佈局）、以及StyleSheetPrint（變更列印內容）這些「樣板詞條」（Template Tiddlers）的內容，您可以視需要「修改」以進行客製化（customization）。然而，由於這些樣板對於系統相當重要，因此，若您未進行變更時（實際上也就是該詞條未被創建時），系統便以預設值作為其內容，而列在詞條總管的「More－Shadowed」清單中。當您對於修改的結果不滿意時，只要將創建的詞條刪除而回歸採用Shadowed詞條內容即可。

此外，還有一個比較系統化的做法：使用StyleSheet詞條來將所有的客製化動作集中在一起。在前述的三個樣板詞條中，您原先打算進行變更的設定部份不要修改，而將其拷貝一份到StyleSheet詞條中，然後對這份拷貝進行修改。（請注意，只拷貝要更改的部份，其他的部份不用。）在TiddlyWiki的運作中，前述的樣板設定會先套用，然後StyleSheet詞條的設定最後再套用，而將前述樣板詞條的設定效果加以蓋掉！因此，您的新設定均集中在StyleSheet詞條中。

例如，前述設定字型大小的方法更改如下：

1. 找到StyleSheetLayout詞條中與主體顯示字型有關的段落如下，將它拷貝進剪貼簿：

```
body {
    font-size: .75em;
    font-family: arial,helvetica;
    margin: 0;
    padding: 0;
}
```

2. 打開StyleSheet詞條，將剪貼簿內容貼進去。這個段落中，與字體大小有關的是font-size這個設定，因此，修改只留下此設定如下（其他的font-family, margin, padding均可加以刪除）：

```
body {
    font-size: .75em;
}
```

3. 將.75em調成較大的.85em，完成StyleSheet詞條的編輯，將其關閉，大功告成。

不論是使用哪一個方法，進行客製化調整都有一項風險：當TiddlyWiki版本更新時，有些功能可能會因此無法使用。因為，只要您對任何列在Shadowed清單中的詞條做了修改（包括StyleSheet詞條），實際上便是創建了一個實際的詞條，而此詞條會讓原先的Shadowed內容不再被套用。而當知識庫更新TiddlyWiki版本時，新版TiddlyWiki帶過來具有新內容的Shadowed詞條依舊受此制約。

‖ 中文化 ‖

實際上，在網路上您可以找到一些TiddlyWiki的中文化版本。在TiddlyWiki的網頁中也介紹了一些。然而，這些中文化版本經筆者試用之後，大抵都存在著與英文版本版次有落差的情形。換言之，英文版新版已推出一段時日了，而中文版依舊不見推出。更大的問題是，英文版若發現有問題時，會隨著修改的進度在網站公佈更新的版本，您只要按照第1章介紹的方式進行更新，便不會有問題。除了英文版以外的各個語言版本均是由志願者進行翻譯，因此其進度恐難預期。

如果您覺得還是希望進行中文版的翻譯，除了下載網路上的中文版來用之外，其實也可以自行進行。使用任何一個文字處理軟體打開TiddlyWiki的HTML檔案（最好是空的尚未建入知識庫的版本），如empty.html。大約在第1,793行前後（2.2.1版的數據，下同），您可以看到這樣的程式碼：

```
//--
//-- Translateable strings
//--

// Strings in "double quotes" should be translated; strings in
'single quotes' should be left alone
```

這表示從這裡開始，一直到第2,234行左右的下列程式出現為止：

```
//--
//-- Main
//--
```

二者中間所夾的都是與顯示在螢幕上的訊息有關，因此要加以翻譯就由此下手。以雙引號（"）括起的字串都是可以加以翻譯的，單引號（'）括起的則否。不過還是那句老話，請慎重為之，因為您改的是程式碼，任何一個誤動作都可能讓系統當掉。

▶. 進階研究

自從2004年發表第一版以來，TiddlyWiki的發展一直是在緊鑼密鼓持續進行之中。除了錯誤的更正之外，各個新版本均有新功能推出。然而，這些功能也往往成熟度各有不同。在本書的介紹中，筆者選擇介紹比較成熟穩定的部份，一些較先進可是使用案例仍不多的功能只能割愛。當然這些情形是會隨著時間而改變的。因此，建議您隔一段時間便上相關的網站上去看看有無新版本問世，並可依第1章所述的程序選擇性的將您所建的知識庫更新為最新版。

如果您到搜尋引擎中鍵入「TiddlyWiki」，出現的條目數可能會令你大吃一驚，原來已經有這麼多人在使用了。當然，使用後的經驗正負面都有。也有一些教學或是技巧的傳授，只是需注意其所使用的版本，從 1.x.x到目前的 2.x.x都有。許多舊版本的問題已經逐步修正了，因此，一些技巧也變得不再需要，盲目抄襲將造成知識庫的虛胖而影響效率。

也因為TiddlyWiki不斷的在發展中，因此，相關的研究文件與話題也持續在演化中。觀察其發展當然是一個有趣的議題，但即使只是想用而不關心太技術的議題的話，相關的網站有時也可以看看別人應用的創意與巧思（TiddlyWiki網站的Examples詞條便收集了許多不同

的應用實例），以及好用的小工具推出，還是值得多逛逛。若有任何心得或是疑問，歡迎至筆者的部落格切磋。

整理幾個相關的網址如下：

網　　站	網　　址
「官方版」網站	http://www.tiddlywiki.com/
「官方版」網站(相關計畫)	http://www.tiddlywiki.org/
「官方版」參考文件	http://doc.tiddlywiki.org/
TiddlyWiki的擁有者：The UnaMesa Association	http://www.unamesa.org/
使用者指南	http://tiddlywikiguides.org/
常見問題集(FAQ)	http://tiddlywikiguides.org/index.php?title=TiddlyWiki_FAQ
初學使用指南	http://tiddlyspot.com/twhelp/
初學使用指南	http://www.giffmex.org/twfortherestofus.html
使用技巧	http://tiddlywikitips.com/
一般性討論群組	http://groups.google.com/group/TiddlyWiki
開發討論群組	http://groups.google.com/group/TiddlyWikiDev
華語支援論壇	http://groups.google.com/group/TiddlyWiki-zh
開發小組	http://trac.tiddlywiki.org/tiddlywiki
外掛程式	http://www.tiddlytools.com
佈景主題畫面	http://tiddlythemes.com
網路伺服器版：TiddlySpot	http://tiddlyspot.com
GTDTiddlyWiki	http://shared.snapgrid.com/index.html
MonkeyGTD	http://monkeygtd.tiddlyspot.com

網　　站	網　　址
MonkeyPirateTiddlyWiki	http://mptw.tiddlyspot.com/
自由軟體鑄造場OSSF「可攜式Firefox中文化」專案	http://rt.openfoundry.org/Foundry/Project/index.html?Queue=454
TiddlyWiki原創者的部落格	http://jermolene.wordpress.com/
筆者的部落格	http://drsposh.blogspot.com/

國家圖書館出版品預行編目資料

TiddlyWiki維基寫作：知識管理最佳工
具／施保旭編著.
─初版.─臺北市：五南，2007［民96］
面；　公分
ISBN 978-957-11-4852-6（平裝）
1. 套裝軟體
312.947　　　　　　　96014697

5A65
TiddlyWiki維基寫作
──知識管理最佳工具

編　　著 ─ 施保旭(160.4)

發 行 人 ─ 楊榮川

總 編 輯 ─ 龐君豪

主　　編 ─ 黃秋萍

責任編輯 ─ 蔡曉雯

封面設計 ─ 鄭依依

出 版 者 ─ 五南圖書出版股份有限公司

地　　址：106台北市大安區和平東路二段339號4樓

電　　話：(02)2705-5066　傳　　真：(02)2706-6100

網　　址：http://www.wunan.com.tw

電子郵件：wunan@wunan.com.tw

劃撥帳號：01068953

戶　　名：五南圖書出版股份有限公司

台中市駐區辦公室/台中市中區中山路6號

電　　話：(04)2223-0891　傳　　真：(04)2223-3549

高雄市駐區辦公室/高雄市新興區中山一路290號

電　　話：(07)2358-702　傳　　真：(07)2350-236

法律顧問　元貞聯合法律事務所　張澤平律師

出版日期　2007年9月初版一刷
　　　　　2010年3月初版二刷

定　　價　新臺幣360元

※版權所有・欲利用本書全部或部分內容，必須徵求本公司同意※